조준혁

박영story

머리말

사람들은 내 옆에서 빤히 날 쳐다보고 있는 반려견을 보며 자주 생각한다.

"얘는 무슨 생각을 하고 있을까?"

현대사회에서 반려견의 존재는 친구이자 동반자로서 인간들에게 매우 중요하다. 반려견과 관련한 다양한 서비스가 활성화되고 있고 우리는 더 나은 삶을 함께 하려고 노력한다. 이렇게 공존하는 삶에서 우리가 반려견을 위해 꼭 알아야 하는 지식을 손꼽는다면 '행동(Behavior)'이라고 생각한다.

이 책은 반려견의 생애주기에서 나타나는 행동, 인간과 의사표현 신호가 다른 반려견의 행동심리, 반려견의 학습원리와 다양한 견종의 유래에 관한 기본적인 학습을 위한 항목들로 구성했다. 반려동물을 전공으로 하는 학생과 반려견을 키우며 궁금증이 많은 사람들에게 꼭 필요한 '반려견행동탐구'가 되었으면 하는 바람이다.

차 례

Part 01
반려견은 누구일까?

Part 02
성장탐구

Part 03
행동탐구

Part 04

학습원리

Part 05

견종탐구

PART

01

반려견의 존재

우리는 참 많고 다양한 반려견들과 살고 있다.
최근의 데이터로 우리나라의 1,500만 명의 사람들이 반려동물을 키우고 있다. 그 중 가장 많은 반려견을 키우는 사람들은 무엇 때문에 자신의 시간과 돈을 투자하면서 더 나은 삶을 살게 해주려고 노력할까? '반려', 이는 '가족'을 의미한다. 수많은 동물 중에 우리의 '개'들은 어떻게 인간들에게 이토록 소중한 존재가 되었을까?

1 반려견의 조상

미아키스에서 분류된 좌/고양이과 프로아일루루스 우/개과 헤스페로키온

개의 조상은 늑대일까? 개는 포유강 식육목 개과의 동물을 말한다. 개, 고양이, 곰, 너구리, 늑대, 호랑이 등 식육목 동물의 동일한 선조로 약 5,000만 년 전 최초의 소형 육식동물인 "미아키스(miacis)"로 추정한다. 미아키스는 오늘날의 족제비를 닮은 외형의 포유류로 몸에 크기에 비해 뇌의 비율을 보아 지능이 높았을 것으로 보고 있다.

미아키스는 수 천만 년을 거쳐 개과와 고양이과로 분화되어 개과 중 늑대로 진화한 이후 오늘날 개의 형태로 그리고 지금의 반려견으로 진화된 것으로 추정하고 있다. 그 과정에서 숲에 남은 그룹과 숲 밖으로 나가게 된 그룹으로 나누어 볼 수 있다.

먼저 미아키스 중 어떠한 개체는 숲과 넓은 초원으로 오가며 먹잇감을 사냥하고 무리를 지어 살아가는 개과 동물로 진화했다고 볼 수 있다. 지금의 늑대, 자칼처럼 무리를 지어 사냥하며 장거리를 달릴 수 있는 운동능력과 신체가 발달하고 동료들 간의 의사소통이 사냥의 매우 중요한 역할을 하기 때문에 지금의 반려견에게도 무리를 지키려는 행동과 다양한 커뮤니케이션 신호들을 볼 수 있다.

고양이과에 속하는 동물들은 숲에 남아 독립적으로 사냥하는 호랑이, 표범, 고양이 등 유연성과 순발력이 발달하게 되었고 숲 밖으로 나아가 생존을 위한 무리의 필요성에 의해 무리생활을 하는 사자 등으로 다양한 계통의 진화가 이루어 진 것으로 추정하고 있다.

늑대의 무리

'개의 유전자 99%가 늑대와 일치하며 가장 유력한 조상이다.'

연구에서는 아시아의 회색늑대가 가장 먼저 가축화가 되면서 반려견의 조상은 동아시아의 회색늑대라는 유래설이 가장 유력하게 알려졌다.

2 반려견의 가축화

야생동물의 여러 특성과 능력을 파악하여 인간의 보호 아래 순화와 사육 그리고 번식까지 인간의 생활에 이용되는 동물로 변화시키는 것이다. 수렵의 대상이었던 동물을 포획하여 먹이를 주고 키우게 되자, 점차 외모나 성향이 인간이 살아가는 목적에 따라 변화하기 시작했다.

반려견 가축 역사, 인간과 개

약 32,000년 전 인간은 무리와 가족생활을 시작하였고 늑대가 냄새를 따라 인간의 정착지 주변에 머무르면서 서서히 변화가 시작된다. 약 12,000~13,000년 전 구석기 후반을 개의 가축화 시작의 시기로 추정하고 있다.

이 과정에서 '늑대의 새끼를 데려와 인간이 키우며 식별하였다'는 인위선택설보다는 '유순한 개체의 늑대가 인간의 정착지 주변으로 모여드는 과정에서 길들여졌다'는 자연선택유래설이 유력하게 받아들여진다.

우리가 생각하는 개의 가축화 단계에서 가장 중요한 순간은 어떤 한 사람이 인간의 정착지 주변을 맴돌던 유순한 개체에게 음식을 던져 주면서부터 인간과 늑대의 경계가 풀리고 유대가 시작되었다는 것이다.

'가축화가 된 개 = 인간의 삶에 함께 적응'

'늑대 = 서식지와 먹잇감이 있는 야생의 삶에 적응'

PART

02

성장탐구

개과나 고양이과 동물은 여러 마리의 새끼가 매우 미숙한 상태로 태어나 어미에게 의존하여 생명을 유지한다. 반려견은 눈도 뜨지 않고 태어나 어미의 보호가 필요한 만성성 동물로 어미나 동료로부터 의사소통 신호, 규칙, 사냥과 놀이 방법 등을 배우며 필수적으로 사람의 손길과 보호가 따른다.

▬ 인간의 성장단계

에릭슨(Erik Erilson)의 심리사회적 인간발달단계

1단계(영유아기):	생후 12개월
2단계(유아기):	약 2~3세
3단계(학령전기):	약 4~5세
4단계(학령기):	약 6~11세의 초등전기
5단계(청소년기):	약 12~20세
6단계(성인초기):	약 20세~30대 중반
7단계(중년기):	약 36세~60대 중반
8단계(노년기):	약 65세 이후

인간의 발달단계에 대해서 다양한 분야로의 많은 연구와 학설이 있다. 이와 비슷한 단계로 반려견의 행동발달 과정과 특징을 쉽게 살펴보고자 한다. 우리는 반려견과의 올바른 관계형성과 커뮤니케이션을 위해서 개의 성장 단계를 필수적으로 이해할 필요가 있다.

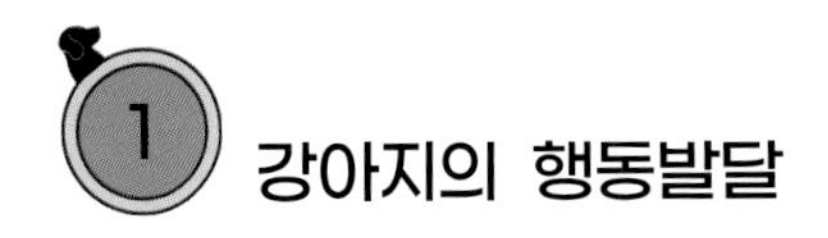

1 강아지의 행동발달

강아지의 성장단계

미국의 바 하버(Bar Harbor) 연구소에서는 유전적 요인이 인간의 행동에 미치는 영향의 실험 대조군으로 개를 연구하였다. 개의 발달과정을 연구함으로써 인간의 행동을 연구하고 아이들을 건강한 사회 구성원으로 키울 방안을 도출하기 위함이었다. 이 과정에서 어린 강아지의 경우 총 4단계의 성장과정을 거친다는 결과를 발표했다. 우리는 강아지가 태어나고 1년이 되기까지 세분화된 과정을 발달단계로 알 수 있다.

신생아기 (생후 2주)	이행기 (2,3주)	사회화기 (3주~12주)	청소년기 (12주~2년)

강아지의 행동발달 4단계

반려견의 생애주기와 관련하여 우리는 내가 키우는 반려견의 나이에 대해 항상 궁금해 한다.

보통 개의 나이는 '1년 곱하기 7'로 많이 이야기한다. 하지만 반려견은 시기마다 성장률이 다르고 종에 따라 수명이 다르다. 일반적으로 소형견이 대형견에 비해 수명이 길다.

소형견 수명 약 15년을 기준으로 봤을 때 1년이 되면 반려견은 고등학교에 다니는 청소년이고 2년이 된다면 20대의 성인이 되었다고 볼 수 있다. 사람도 20세 성인이 되기까지 성장 발달이 빠르게 이루어지는 것처럼 반려견도 2~3년 차에 성견이 되면서 성 성숙이나 발육이 이루어지고 2년 이후로부터 사람 나이로 5년씩 늘어난다는 연구가 가장 적합한 분석으로 사료된다.

생후 1년:	청소년기(중·고등학생)
2년:	20대의 성인(24세)
3년:	약 30대 시작(29세, 대형견 40대)
5년:	약 40대 시작(39세)
7년:	약 50대 시작(49세)
10년:	약 60대(대형견 70대)
13년:	약 80세
15년:	89세

2 반려견의 행동발달 단계

신생아기	이행기	사회화기	청소년기	성년기	노년기

개의 행동 발달 6단계

반려견의 생애주기에 따른 행동발달 단계는 강아지의 성장 시기를 포함해 성년기와 노년기까지 6단계로 구분해 볼 수 있다. 반려견의 평균수명이 길어지면서 성년기와 노년기 사이 6~8년차를 중·장년기로서 사람의 40~50대 정도를 구분할 수 있지만 중요 성장 시기인 신생아기~청소년기를 중점으로 노년기까지의 6단계를 알아보고자 한다.

1) 신생아기(생후 약 2주간)

신생아 강아지

반려견의 임신기간은 63일 전후이며 약 58일부터 출산이 시작될 수 있다. 출산 몇 주 전부터 보금자리 마련과 적응으로 산실을 쾌적하게 관리해 주어야 한다.

신생아기는 태어나면서 눈을 뜨기까지 약 13일을 말한다. 이 시기에는 스스로 배설하지 못하고 어미에게 의존한다. 약간의 촉각과 체온감각, 미각과 후각정도가 발달하는 반면 시각과 청각이 없다. 더욱 이 시기에는 어미의 보살핌이 절대적으로 필요하다. 또한 우리 신생아기의 반려견들에게 어미의 보살핌만큼 필요한 것은 사람의 돌봄이다. 어미 또한 사람에게 의지하고 신뢰하기 때문에 우리는 신생아 반려견들의 건강관리를 위해 최선을 다해야 한다.

신생아기의 특징

- ✔ 눈도 뜨지 못한 작은 강아지들은 체온 유지를 위해서 몰려다니는 행동을 보이며 빨거나 기어 다니고 파고들기 행동을 보이는데 이러한 것은 배고픔, 불안, 추위에서 벗어나고자 하는 본능이 반영된 행동으로 볼 수 있다.
- ✔ 반려견의 형체나 행동보다는 수면욕을 보인다. 90%의 충분한 수면으로 영양공급과 체온유지, 뇌와 신경계 발달이 이루어진다.
- ✔ 스스로 배변하지 못한다. 약 3주간은 어미가 핥아 유도하고 닦아낸다. 이 시기의 행동은 동물생태학적 연구로 볼 때 아직 미숙한 새끼 늑대에게 순종을 가르치는 것으로 무리 내에서 우위의 개체에게 순종하며 생식기 냄새를 맡게 허락하는 눕는 자세로 나타난다.
- ✔ 스트레스의 이점이 있다. 이 시기의 자극은 향후 스트레스 저항성이나 안정성, 학습능력에 영향을 주는 것으로 밝혀졌다. 연구에 따르면 3일에서 16일 사이 신경적 자극은 강아지의 신경 발달과 성장에 긍정적 영향을 미치며, 이후 성공적인 개체로 성장할 가능성을 높여 준다. 이는 경미한 수준의 스트레스를 이야기하며 사람들의 핸들링으로 아무런 자극 없이 자란 강아지들보다 정서적으로 균형이 잡힐 수 있다는 것이다.

2) 이행기(생후 약 2~3주)

이행기 강아지

이행기는 신생아기에서 눈을 뜨고 귀가 열리는 실제로 강아지의 패턴을 보이는 시기를 말한다. 늑대의 경우 새끼가 굴속에서 외부세계로 나오는 시기에 해당하며 실제로 반려견의 모습을 보이며 움직임을 행하는 시기이다.

이행기의 특징

"꼬물이"

귀엽고 앙증맞은 어린 강아지들을 보고 우리는 꼬물이라고 흔히 부른다. '꼬물꼬물' '뒤뚱뒤뚱'이라는 단어가 어울리는 시기가 이행기이다. 보통 생후 13일 전후 눈을 뜨고 약 20일경 귀가 열린다. 세상을 보게 되고 소리를 듣게 되는 이 꼬물이들은 '으르렁'거리거나 꼬리를 사용하여 사회적 행동의 신호를 표현하기 시작한다.

✔ 매우 미숙하지만 감각이 발달되기 시작한다. 보기, 듣기, 걷기, 배변, 씹기, 후각발달 등 반려견의 기본수단을 갖추게 되면서 고립된 신생아기에서 사회적 존재로 이행하게 된다는 과도기라고도 한다.

- ✔ 시각적으로는 약 13일 전후 눈을 뜨는데 눈동자는 점점 맑고 뚜렷해지면서 5주 정도 이상이 지나면 제 색깔을 보이고 약 한 달 정도부터 물체의 형태를 선명하게 구분하기 시작한다.
- ✔ 청각적으로는 약 20일경 소리를 듣기 시작하는데 작은 소리부터 체크 해주면서 공포감이나 불안감이 형성되지 않게 돌봐주는 것이 좋다.
- ✔ 후각적으로는 호기심이 많아지고 어미개, 동료, 사물, 사람 등을 파악하기 시작한다.
- ✔ 약 20일 이후에는 윗니가 발달하며 씹고 물고 놀이가 시작된다.
- ✔ 감각의 발달은 신생아기보다 환경에 민감해질 것을 의미하며 서로의 존재를 인식하고 보금자리를 인지한다.
- ✔ 이행기에도 마찬가지로 가벼운 자극은 긍정적 정서발달로 이어질 수 있다. 사람이 보호하며 만져주고 들어 올려주고 귀나 입 그리고 발톱과 빗질 등의 그루밍을 정기적으로 진행해 주는 것이 좋다. 이는 즉 사람의 존재를 익숙하게 받아들이며 성장했을 때 올바른 행동을 만들어주기 위함이라고 볼 수 있다.

3) 사회화기(3~12주)

"결정적 시기"

사회화기는 반려견이 자신의 동료와 사람들과의 사회적 관계를 학습하는 과정으로 개의 행동발달에 관한 연구에 가장 관심이 많이 집중되는 시기이다. 이행기에 이어서 3주경부터 강아지의 사회화가 시작되는 것으로 보인다. 이때는 반려견의 성격이 집중적으로 형성되는 결정적 시기라고도 불리며 차츰차츰 획득한 행동을 보이면서 견종과 개체에 따른 행동발달 차이가 존재한다. 늑대의 경우 무리의 동료와 애착관계를 형성하는 시기로 반려견의 경우 동료뿐만 아닌 사람, 다른 동물, 공간 등 사회적 애착관계 형성이 매우 중요한 시기라고 할 수 있다.

사회화기 강아지

🐾 사회화기의 특징

- ✔ 사회화기의 중요성은 이 시기에 강아지들은 처음 접하는 경험에 민감하기 때문이다. 다른 동물이나 사람, 장소 또는 물체 등 많은 대상에 대해 친화적인 방향으로 적응하고 그것을 강화하면서 어미개와 동료들로 제한되어 있던 사회적 범위를 넓혀간다.
- ✔ 새로운 경험에 대한 불안감을 갖는다. 무리에서 벗어나지 않으려 하고 주변 환경과 낯선 대상에 대한 경계심을 갖기 시작한다. 늑대의 경우 야생에서 12주 동안 오직 어미와 무리의 식구들과만 관계를 유지하는 생존 습성이 있다. 사회화 과정을 통해 강아지들은 새로운 것을 보고 시행착오를 겪으며 두려움을 극복하는 학습을 하고 문제 해결 능력이 향상된다.
- ✔ 반려견의 행동발달에서 가장 중요한 시기로 꼽는 사회화기는 1단계로 4주에서 6주경 젖을 떼고 동료와의 사회화를 이루는 단계와 2단계로 5주에서 12주경 사람과 환경에 대한 사회적 관계 형성 행동발달을 이루는 단계로 세부화시킨다.
- ✔ 사회화 1단계에서는 초기 3~5주경 아직 사람이나 새로운 환경에 접해도 공포심이나 경계심을 보이지 않지만 6주경 후에는 낯선 대상이나 접촉에 대한 경계심을 보이기 시작한다. 이 시기에 중요한 것은 '놀이'이다. 형제

와의 놀이 활동은 강아지들의 근육발달과 사회적 상황 대처능력에 도움이 된다. 예를 들어 서로 물고 놀면서 턱의 힘 조절하는 법을 터득하고 흥분할 수 있는 상황에 정서조절과 순응의 자세를 배우며 정체성을 확립한다. 만약 생 후 6주 이전 어미 형제와 분리된다면 가장 기본적인 사회적 관계형성과 행동을 배울 수가 없게 되는 경우가 많다.

사회화기 강아지

✔ 사회화 2단계는 6주 이후의 핵심적인 시기이다. 신체발달과 성 행동, 우위성과 순종행동을 터득하게 되며 지각 능력이 풍부해진다. 동물적 감각이 발달하면서 호기심과 탐험심이 왕성해지기 때문에 보호자는 놀이와 핸들링에 중점을 두고 교감하며 편안한 목소리를 들려주는 것이 정서와 행동발달에 중요하다. 더불어 이 시기의 사회화 범위는 사람과 주위 환경 적응까지 확대되므로 가능한 많은 경험들을 제공하는 것이 좋다. 잔디, 흙, 나무, 시멘트, 엘리베이터 등의 다양한 질감에 대한 경험과 여러 가지 환경의 산책은 후각과 청각적 발달을 촉진시키며 실내에서는 놀이 방식을 다양화하여 공, 장난감, 음악, 생활소음 등을 활용해 감각적 사회

화에 신경 써야 한다. 또한 사람과의 핸들링은 약 5주 이후부터 사람들과 만나게 해주고 쓰다듬거나 입, 귀, 발 등 예민한 부위를 만져주며 그루밍 해 주는 것이 매우 중요하다. 이를 통해 무리에 대한 지식을 학습하며 향후 사회 행동에 긍정적인 영향을 줄 수 있도록 방향을 잡아 줄 수 있다.

4) 청소년기(12주 이상, 6~12개월)

▬ 청소년기 강아지

"우리 애가 개춘기인가봐!"

청소년기는 강아지가 12주경부터 성 성숙에 이르기까지의 기간으로 약령기라고도 한다. 견종이나 개체에 따른 차이가 크지만 보통 생 후 12개월까지로 보고 있다. 사회화기에 이어 반려견의 행동적 발달이 완성되는 시기로 늑대의 경우 굴 밖에서 모험과 사냥을 배우며 사회적 행동 성숙과 서열 감각이 점차 발달하는 시기이다.

청소년기의 특징

- ✔ 사회화기 이후 적절한 사회적 강화나 정서적 안정이 이루어지지 않는다면 대상에 대해 공포심을 갖고 경계하는 경우가 있다. 이러한 '퇴행 현상'은 사회화기부터의 동료 간 사회활동이나 사람들과의 교감을 꾸준히 이어나가지 않는다면 얼마든지 성향이 변할 수 있다는 것이다.
- ✔ 청소년기에는 신체 능력이 발달하고 사회화기에 이어 '놀이'가 가장 중요한 역할을 한다. 에너지가 넘치는 시기로 지루함을 참을 수 없다. 우리는 '개춘기'라고도 말하는 이 시기에는 집중력 분산이나 고집을 보이기도 하며 이에 따른 올바른 교육을 해 주지 않는다면 분리 불안이나 공격성 표출 등의 문제행동으로 나타날 수 있다.
- ✔ 청소년기에는 넘치는 에너지와 호기심을 잘 관찰하고 환경개선을 해 주며 행동의 특성을 잘 파악해야 한다. 활기차게 보이는 여러 가지 행동들은 행동수정과 예절교육을 통하여 다스릴 수 있는 부분으로 항상 많은 관심과 사랑이 필요한 시기이다.
- ✔ 영국 뉴캐슬대학의 연구에 따르면 6~9개월의 반려견은 '순종성향이 낮음'으로 결과를 보고했다. 연구에 참여한 생후 5~8개월의 강아지 285마리는 보호자보다 낯선 훈련사들을 더 잘 따르며 이는 사람과 마찬가지로 보호자와의 유대관계가 불안정한 강아지가 존재감을 드러내기 위해 말썽을 피울 수 있다고 설명했다.

5) 성년기(2~6년)

성년기는 사람 나이의 20~30대를 떠올릴 수 있다. 반려견의 경우 2~5세에 가장 활동 능력이 좋고 신체와 정신이 최고가 되는 시기로 반려견의 2~3년 경을 '황금기'라고도 한다. 3년까지 보통 개체의 성향이 모두 자리 잡고 6년부터는 우리의 생각보다 조금 이른 감이 있지만 노화가 시작된다. 이 시기에는 활동성도

성견 강아지

많고 충분한 영양과 운동 관리가 꼭 필요하다. 성견이 되고 나이가 들면서 고집도 생기고 제멋대로의 행동을 보일 수 있다. 인간과의 사회생활에서 문제 행동을 보인다면 행동 교정을 시도해도 스트레스가 될 수 있고 보호자도 힘든 과정을 거쳐야 할 수 있기 때문에 사회화기부터 청소년기까지의 기본 예절교육이 더욱이 중요하다고 생각해야 한다.

요즘 반려견들은 평균수명이 길어지고 있다. 소형견의 수명 15년을 기준으로 본다면 성인기와 노년기 사이에 6~8년차 정도를 사람 나이로 40~50대인 중·장년기라고 할 수 있다.

6) 노년기(7~10년 이상)

"건강하기만 해다오."

대략 소형견의 경우 약 9~10년 이상, 대형견의 경우 약 7~8년 이상이다.

노년기 강아지

반려견들은 약 6년차부터 노화가 시작되며 피부와 모색변화가 확인되며 질병의 신호가 오기 시작한다. 사람과 마찬가지로 반려견의 건강에 관련한 행동관찰이 가장 중요한 시기이기 때문에 세심한 관리가 필요하다. 노령견의 일반적인 건강 문제로는 시력감퇴, 청력감퇴, 관절, 피부, 체중관리에 인한 질병으로 무엇보다 빠른 진료와 처방이 노령견 삶의 질을 향상시켜줄 수 있는 일이라고 생각해야 한다.

PART 03

행동탐구

우리는 반려견을 키우면서 생각해봐야 할 것들이 많다. 항상 내 곁에, 같은 자리에서 바라봐 주는 반려견들이 무슨 생각을 하고 있을까? 우리는 꼭 알아야 할 필요가 있다. 그들은 우리 인간이 선택한 '반려동물'이기 때문이다. 이 PART에서는 반려견에 관한 행동학적 관점과 기초지식을 알기 쉽게 전달하고자 한다.

동물의 행동에 영향을 주는 요인

1) 동물행동학의 정의

동물행동학은 동물의 행동을 연구해서 각각의 행동이 갖는 생물학적 의미를 탐구하는 학문으로 유럽에서 동물행동학(ethology)이라는 새로운 학문 분야가 탄생 했다. 콘레드 로렌츠, 틴베르겐, 프리슈 3인의 선구자들이 함께 노벨상(1973년 의학생리학상) 수여를 계기로 1900년대 후반 발전하기 시작했다.

동물 행동의 원인은 외부로부터의 시각과 청각, 촉각, 후각, 미각 등에 의한 자극뿐 아니라 호르몬의 분비에 의한 내부적인 자극도 모두 포함된다.

2) 진화와 유전

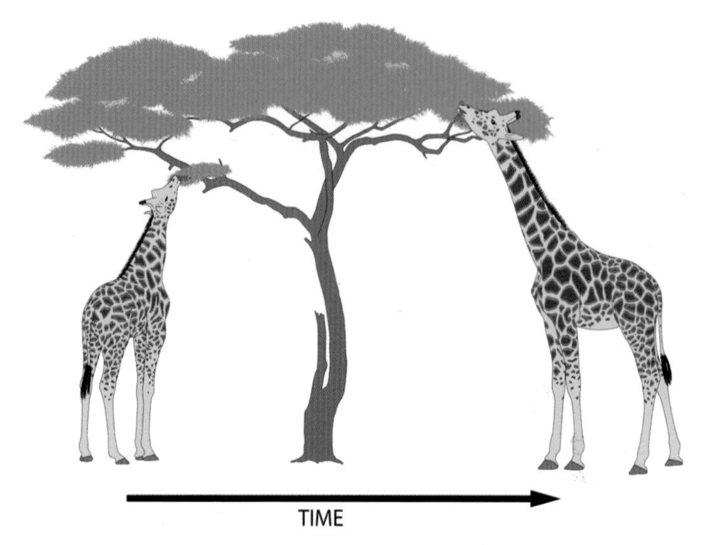

▬ 찰스다윈의 자연선택설

- 동종의 생물이라도 개체차가 존재한다.
- 종의 변이는 유전된다.
- 환경에 잘 적응한 자손이 생존한다.
- 우수한 능력을 가진 개체는 경쟁에서 자손번식의 기회가 크다.
- 유리한 형질의 자손이 대를 거듭하고 집단을 형성한다.

생물학자 찰스 다윈은 동물의 행동에 영향을 주는 요인으로 진화와 유전에 관한 자연선택설을 제창했다. 자연계의 환경 조건에 적응하면 생존하나 그렇지 않은 생물은 사라진다는 개념으로 기린의 경우 높이 있는 열매를 먹기 위해 목이 길어졌다는 용불용설 이론과는 달리 목이 긴 기린과 목이 짧은 기린 중 자연환경에 적응함에 따라 높이 있는 먹이를 먹을 수 있는 개체만이 생존하게 되었고 나머지는 사라졌다는 개념이다. 이것이 대를 이어가면 적응된 형질도 조금씩 변하여 선조와는 다른 형질을 가진 종으로 차츰 변하게 된다는 것이다.

골든리트리버 가족

'너는 엄마 닮았구나?', '너희 형제는 정말 똑같이 생겼다!'

우리 사람들은 부모와 자식의 생김새나 행동 그리고 성격까지 닮는다. 이는 부모의 유전형질과 성향을 이어받아 비슷한 면이 많을 수 있다는 것을 의미한다. 유전적인 요인은 행동에도 영향을 미치는데 주변의 일란성 쌍둥이의 경우 외모뿐만 아니라 성격, 머리모양, 취향, 말투 등의 행동 패턴이 매우 비슷하거나 동일하다. 이와 같은 행동의 원인은 부모로부터 물려받은 동일한 유전적인 특성이라고 볼 수 있다.

이와 같은 유전적 요인은 동물에게서도 발견할 수 있다.

개의 선조는 늑대이다. 유전적으로 보이는 행동들은, 즉 태어날 때부터 선천적 요인을 지니고 있다고 볼 수 있는데 늑대는 무리생활을 하며 그들의 영역을 경계, 방위하면서 살아왔다. 시간이 흐르고 가축화가 되어 인간과 살게 된 개들은 인간들과의 영역을 지키고 짖음으로 알려 자연환경에서 무리를 지키려던 습성의 행동을 보이기 시작했다. 현대에도 이러한 요인들을 반려견들의 행동에서 볼 수 있는 것이다.

우리의 반려견들은 참 많은 견종이 만들어졌고 다양한 역사를 지니고 있다. 견종마다 역사와 기원에 따른 선천적인 성격이 나타나기 때문에 우리는 반려견 종마다의 성격을 나열하고 애견백과로 학습하기도 한다.

개들은 수 만년의 환경에 적응하면서 사람들과 가장 가까이 살아가는 동안 변화해 온 특징적 성향을 유전적으로 갖고 태어난다. 현재에도 인간과 더욱 가깝게 살아가면서 조금씩 외형이나 성향이 변화하고 있다고 볼 수 있다. 물론 한 배에서 태어난 개체들도 각각의 성격이 다르지만 부모의 유전적 외모나 성격을 닮고 있다는 것은 분명한 사실로 분석하고 있다.

예로써 개의 품종 중에서 '테리어'그룹에 속하는 종들은 비교적 작은 체구이지만 소동물 사냥에 뛰어난 능력을 보이면서 여러 가지 품종으로 개량된 견종이다. 풀 숲을 뛰고 흙을 파내는 활동에 외형적으로 거친 털과 다부진 체형을 지니게 된 테리어들의 성격은 투지가 좋기로 유명하고 동물을 추격하는 본능을 유전적으로 지니고 있다.

그럼 현대의 테리어들은 어떨까?

이는 선천적 요인을 지닐 수 있다는 추가 설명으로 뒷받침할 수 있다.

반려견으로 테리어종을 많이 키우는 보호자들은 공감할 수 있다. 잭 러셀테리어, 폭스테리어, 베들링턴 테리어 등의 반려견들을 키우며 평소 에너지 넘치게 다른 반려견들을 쫓고 노는 정도가 과한 경우와 그 이상으로 고양이나 강아지를 제압하려는 성향이 공격성으로 이어지는 문제행동을 보이는 경우 유전적으로 선천적 성향에서 나오는 행동을 수반하고 있다고 볼 수 있다.

3) 환경적응능력

현대의 반려견행동을 지지하는 중요한 기본개념 중 하나는 '적응력'이다. 동물의 행동은 환경 적응력을 가장 높일 수 있는 형태로 진화해 왔다.

연어는 태어난 강을 거슬러 올라가 한 번에 수천 개의 알을 낳는데 생존율이 매우 낮다. 이러한 번식 행동은 그래도 바다에서 알을 낳는 것 보다 생존율을 높일 수 있는 환경 적응력이 발달하면서 본능적으로 태어난 강을 거슬러 올라가는 행동을 보이는 것이다.

반면에 코끼리는 한 번의 분만에 한 마리의 새끼를 낳지만 어미를 포함한 코끼리 무리에서 새끼를 품고 전략적으로 키워내 생존율을 높이는 행동을 보인다. 동물들은 다양한 번식전략을 취하면서 결과적으로 생존하기 위해 환경적응 능력을 높여온 것이다.

4) 동물적 감각

'너는 동물적 감각이 뛰어나구나!'

우리 사람들의 대화에서 자주 사용하는 말이다. 나의 친구가 유독 냄새를 잘 맡거나, 소리를 잘 듣거나, 순발력이 좋거나 예민한 감각기관의 능력이 높을 때 이렇게 말하곤 한다.

동물은 인간과 다른 감각 기관을 갖고 있다. 각각의 동물 종에 따라 감각세계가 다르다는 것을 필수적인 조건으로 보고 동물의 입장에서 생각해야 표출되는 행동에 대해 이해할 수 있다. 인간에게는 아무것도 아닌 자극이 반려견에게 있어서는 견디기 힘든 고통의 행동으로 나타날 수 있다. 예로서 청각기관이 예민한 반려견들은 인간이 느낄 수 없는 초음파나 진동을 동반한 소음을 인지하여 고통과 불안을 느낄 수 있다. 또한 후각이 매우 발달하여 냄새로 동종의 개체식별과 정보를 얻어낼 수 있다.

5) 학습능력

'동물도 학습을 할까?'

동물은 살아가는 동안 수많은 것을 배워서 익히게 된다. 이런 학습을 바탕으로 행동은 변화하게 되고, 그 행동을 반복함으로써 유지된다. 동물의 학습은 다양한 연구가 수행되고 학설로 정립되고 있다. 이는 선천적으로 보이는 행동이 아닌 환경 적응과 함께 후천적으로 학습하여 보이는 행동들에 관한 이론이다.

새들이 내는 소리는 선천적으로 발현되는 것이 아니라, 어느 시기에 부모의 지저귐을 기억하고 기관이 발달하면서 곧 자신이 반복하여 새마다 다른 울음소리를 내는 현상을 보인다. 또한 후천적 학습능력의 발달의 예로 닭이나 비둘기가 특정 색깔이나 모양을 부리로 쪼았을 때 먹이가 공급되는 실험에서 먹이가 나오는 색깔이나 모양을 쪼았을 때 먹이를 먹을 수 있다는 사실을 학습하여 반복 행동을 보인다.

포유류에 속하는 개나 고양이는 매우 미숙한 상태로 태어나 눈을 뜨고 귀가 들릴 때까지 시간이 걸리는 만성성 동물이다. 이러한 반려견은 어미의 보살핌이 반드시 필요하며 어미에 대한 의존도가 높다. 반려견은 1~2주 후 어미에게 사냥법을 포함하여 환경에 적응해 나갈 수 있는 많은 것들을 배운다. 또한 동료들과의 놀이에서 즐거움과 아픔, 두려움을 배우고 환경에 익숙해지면서 동료를 강하게 물지 않거나 계단에서 뛰어내리지 않는 행동들을 습득해 나간다.

동물의 행동은 다양한 원인과 과정에 의해서 나타나는데 이러한 학습적인 부분은 반복적으로 외부 자극과 경험에 의해 변화된 행동이 지속적으로 나타난다. 학습의 형태로는 환경과 자극에 대해 익숙해지는 '적응도'와 두 가지 자극이나 사물 사이에 연관관계를 설정하는 연상의 형태를 말할 수 있다. 예로서, 반려견을 교육할 때 "앉아"의 수신호와 함께 앉은 자세의 행동에 간식으로 보상을 준다면 수신호만 보았을 때 간식을 떠올리면 "앉아"의 행동을 지속적으로 유지할 수 있다. 또한 사람과 같이 동물은 다양한 경험을 하면서 생활하고 그 경험을 통해서 많은 실패나 성공을 익히게 된다. 다양한 경험 중에서 자신에게 이로운 것들이 행동으로 만들어진다고 볼 수 있다. 사람과 마찬가지로 여러 가지 행동 중에서 좋은 효과가 없거나 무의미한 행동은 시행착오를 통해서 반복하지 않는다는 것이다.

학습에 관한 마지막 한 가지 형태는 '모방'를 이야기할 수 있다. 모방(imitation)의 고전적인 정의는 '행동이 이루어지는 것을 관찰함으로써 해당 행동을 하는 것을 배우는 것(Thorndike, 1898; Byrne, 2002에서 재인용)'이다. 다른 동물의 행동을 관찰한 후 동일하게 따라하거나 비슷한 행동을 하는 것을 말하며 동물의 학습 형태 중 가장 보편적으로 많이 일어나는 것으로 알려져 있다.

늑대의 경우 생후 2~3주 굴 밖으로 나가기 시작한다. 반려견의 사회화기인 3~12주령에는 무리의 동료와 애착관계를 형성하면서 어미와 동료의 행동을 모방한다. 동물은 이처럼 어미의 사냥이나 놀이의 행동을 따라하면서 학습에 있어서의 모방이 시작된다.

2 커뮤니케이션

동물들 사이에도 의사소통 방식이 성립한다. 동물의 커뮤니케이션에 있어서 중요한 세 가지 형태가 있는데 시각, 청각, 후각적 방법이다. 반려견들뿐만 아니라 다른 종끼리나 사람과의 사이에도 커뮤니케이션이 성립되는데 종마다의 감각과 능력이 다르기 때문에 우리는 경험과 분석을 통해 다양한 커뮤니케이션 신호의 의미를 파악해야 한다.

본래 야생에서의 동물 집단은 한정된 자원이나 번식을 위한 생존 경쟁이 엄격하다. 의사소통 신호가 발달하게 된 이유는 무리 내 충돌을 줄이고 살아가기 위해서 진화했다고 추정할 수 있다.

예로서 늑대는 무리 내 서열상 경합이 일어날 때 우위의 늑대가 신체를 키우며 낮고 사나운 소리로 위협한다면 반대로 순종하는 늑대가 몸을 낮추고 높은 톤의 음색을 내는 행동을 보이는 정반대 원리를 기본으로 동물간의 커뮤니케이션에 따른 행동 변화의 성립을 알 수 있다. 현대의 반려견도 공격적, 지배적일수록 자신을 크게 보이려 한다(찰스다윈, 1872).

우리는 알아야 한다.

바디랭귀지(body language)

사람들의 '바디랭귀지'를 생각해 보자.

보통 우리는 특별한 기술을 배우지 않아도 몸짓 언어를 서로 짐작하여 무엇을 말하고 있는지 알 수 있다. 그림 속에 바디랭귀지가 "쉿!", "이건 비밀이야"라는 뜻을 모두가 알 수 있듯이 말이다.

"반려견도 마찬가지이다!"

반려견은 몸의 자세, 표정, 걷는 방법 등으로 중요한 정보를 전달한다. 그리고 사람처럼 몸짓을 통해 감정이나 사회관계에 대해 많은 신호를 보낸다. 그 신호에 대해서 사람들은 관심을 가져야 한다. 반려견과 공존하는 사회에서 그들이 무슨 말을 하고 있는지 배우고 더 나은 관계 형성에 힘을 쏟을 필요가 있다.

1) 시 각

시각신호는 반려견들에게 매우 효과적인 커뮤니케이션 행동이다. 상대를 보면서 신호를 바꾸며 의사를 전달하기 때문에 반응 신호를 이끌어내 의사소통이 성립되는 수단이다. 이러한 시각적 신호는 반려견들 사이뿐만 아니라 사람과의 커뮤니케이션에서도 중요한 전달 양식이라고 할 수 있다.

입 모양의 신호

사람은 얼굴 표정으로 많은 의사를 나타낼 수 있어 직업적으로나 상황에 맞게 표정으로 감정을 전달하기도 한다. 반려견의 얼굴 표정 중 특히 입 모양은 사람의 표정과 공통점이 많다. 반려견의 입 모양은 사람에 비해 한정되어 있지만 입의 형태에 따라 분노, 지배성, 공격성, 공포, 흥미, 안심, 즐거움 등 다양한 감정과 의사표현을 전달할 수 있다.

웃고 있는 반려견

"헤헤", "평화롭다", "기분 좋아"

사람이 웃는 표정과 비슷하며 반려견의 심리가 안정적이다. 이때 입모양은 가볍게 열린 채 혀가 약간 보이거나 아랫니 밖으로 조금 나와 있다.

입을 다물고 쳐다본다.

"저건 뭐지?"

놀이를 하거나 산책을 하다가도 한 번씩 귀를 쫑긋하며 바라본다. 무언가에 주목하거나 관심을 보인다. 이때 입 모양은 입을 다물고 있다. 귀의 방향과 코의 씰룩거리는 움직임을 함께 보면 무언가 주시하고 생각하고 있다는 것이다.

입술이 말려 올라가 이빨이나 잇몸이 보인다.

"불쾌하다" "저리가!" "더 이상 화나게 하지마"

상대방에게 순종하라는 경고신호이다. 불쾌감과 위협을 드러내며 '으르렁'거리는 청각신호를 함께 보낼 수 있다. 입 모양의 원칙은 이빨이나 잇몸이 많이 보일수록 반려견의 공격 의사가 강하다고 봐야 한다. 이때 귀의 움직임이나 꼬리의 위치 등 전체적인 자세로 방어적 경고신호인지 상대를 제압하려는 과시의 행동신호인지 파악할 수 있다.

이를 모조리 드러내고 앞니의 잇몸까지 보인다.

"각오해라" "화나 가서 참을 수가 없다!"

공격성 감정의 최고조로 언제 달려들지 모른다. 코 위에 주름이 뚜렷하고 공포나 불안에 의한 경고가 아니다. 상대를 물어뜯을 기세를 보이는데 이때 털을 세우거나 꼬리를 힘주어 세우고 앞으로 향하는 자세를 볼 수 있다. 우리는 주변에서 공격성이 있는 반려견이나 묶여있는 개를 만났을 때 입의 형태와 자세로 행동신호를 파악하여 물리적 사고가 일어나지 않게 조심해야 한다.

귀 모양의 신호

사람의 귀는 움직임으로 소통하기 힘들다. 형태도 거의 일정하기 때문이다. 그러나 반려견의 귀는 행동신호로서 적합한 움직임을 보인다. 앞서 본 내용에서 이해할 수 있는 입 모양과 함께 귀의 형태와 움직임을 읽어야 시각적 커뮤니케이션 신호의 의미를 파악할 수 있다.

온화한 일반적인 귀의 형태

평소 환기된 반려견의 모습이다. 일반적으로 편안하게 귀가 서 있고 무언가의 소리에 집중할 때 한 번씩 방향을 바꾸는 귀의 움직임을 볼 수 있다. 처진 귀를 가진 반려견들을 관찰해 본다면 선 귀보다 분명한 신호를 보일 수는 없지만 평소 모습에서 앞뒤의 움직임에 따라 달라지는 귀의 모양을 통해 의사 전달의 방향을 파악할 수 있다. 이때 얼굴 표정과 자세에 따라 행동신호를 파악한다.

▬ 불안, 순종적인 귀의 형태

"무서우니까 그만 좀 해"

귀가 뒤로 접혀있다. 머리에 달라붙을 정도의 귀 모양은 악의가 없음을 의미한다. 보통 입을 다물고 눈치를 본다. "제발 공격하지 말아주세요" 하면서 꼬리를 내리고 자세를 낮추는 동작을 수반한다.

불안과 공포의 위협

"겁이 나지만 건드리면 가만히 있지 않을 거야" "이쯤에서 그만해"

귀를 뒤로 내리고 있지만 이빨과 잇몸을 보이며 콧등에 주름까지 잡힌다. 이 경우는 무섭지만 생존을 위해서 싸울 준비를 하고 있는 행동으로 봐야 한다. 더 이상 물러설 곳이 없거나 줄에 묶여있는 반려견이 외부의 침입에 맞서 싸워야 하는 상황에서 볼 수 있고 상대의 수준을 파악하면서 최소한의 자존심을 지키는 행동을 보일 것이다.

자신감 있는 위협

자신감 있는 반려견은 귀에 힘을 주고 상대에게 집중한다. 브이자 형태로 귀를 열어 얼굴의 크기를 키우려하고 이빨과 잇몸을 최대한 보이며 앞으로 돌진할 것 같은 자세를 보인다.

눈의 신호

사람은 얼굴에서 눈의 표현이 매우 풍부하다. 반려견도 마찬가지로 눈동자로 감정을 나타내는데 동공의 크기로 감정의 고조를 알 수 있다. 기본적으로 동공이 커지는 경우 기쁨이나 슬픔 등 여러 가지 강한 감정을 의미하며 작게 수축된 동공은 지루함이나 감정의 정도가 낮은 정도를 의미한다. 또한 사람은 상대의 눈을 계속 주시하는 것만으로도 많은 것을 전달한다. 보통 위협이나 부정의 의미로 받아들여지는데 반려견도 상대를 노려보는 경우 사냥이나 지배 수단으로 의미가 전달되기 때문에 상대는 순종하거나 맞서 싸우려는 행동으로 반응될 수 있다.

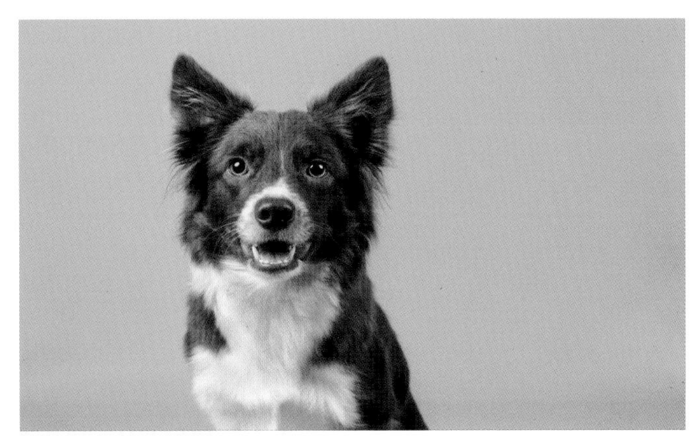

똑바로 시선을 맞춘다.

똑바로 시선을 맞추는 경우 앞서 설명한 상대를 노려보며 위협하는 뜻으로 파악 할 수 있지만 우리 곁의 반려견들은 야생에서 생존을 위해 살아가던 선조나 늑대와 많이 다른 의미를 보인다. 개들끼리 지배성을 주장하는 경우 시선을 응시하며 우열을 가리려고 하는 경우도 있지만 우리 가족 구성원인 반려견들은 흔히 식탁 옆에 앉아 사람을 빤히 쳐다본다.

"나도 간식!" "산책 안 나가?" "안아줘"

무엇을 요구하는 것이다. 이때는 이빨을 보이지도 않고 귀를 힘 있게 세우지도 않는다. 물끄러미 바라보며 자신의 요구를 들어주길 바랄 뿐이다. 교육 상애처로운 반려견의 눈동자에 모든 보상을 준다면 생활 속 문제행동으로 인지될 수 있는 경우도 있다.

시선을 피한다.

"내가 잘못했습니다." "당신이 보스입니다."

눈을 똑바로 마주치는 것이 위협의 의미가 있다면 반대로 시선을 피하는 것은 회피 내지 공포를 나타낸다. 이때 눈을 평소보다 많이 깜빡이는 움직임을 보일 수 있으며 우위의 상대를 인정할 때, 보호자 또는 사람에게 혼이 나서 불안감을 보일 때 나타난다.

꼬리의 신호

"귀여워" "꼬리치며 반갑다고 멍 멍 멍~"

우리는 반려견들이 꼬리를 흔들며 반기면 사랑스럽게 생각한다. 사람들은 꼬리를 보면 개의 심리를 알 수 있다고 대부분 알고 있다. 앞서 미리 본 다양한 시각적 요소들보다 사람들에게는 없고 눈에 띄는 형태와 움직임을 보이기 때문이다. 우리는 반려견들이 꼬리로 표현하는 의사소통 신호에 대해서 즐거움과 반가움만 표현하고 있는 것인지 다른 의미가 있는지에 대해서 알고 반려견과 소통하는 것이 중요하다. 반려견들의 꼬리를 통해 심리 상태, 사회적 순위, 의사 표현을 알 수 있다.

가장 먼저 꼬리의 위치로 파악할 수 있다. 가볍게 떨구고 좌우로 살랑살랑 흔들릴 때 평화롭고 아무 일 없다는 것을 의미한다. 그러던 중 엉덩이 높이 정도 수평이거나 살짝 올릴 때는 흥미와 관심의 표현이며 얼굴 표정에서 입을 다물었다가 혀를 내밀기도 하고 귀를 쫑긋거리면서 시각적 그리고 후각적으로 호기심이 발동하는 상황이다.

지배력과 자신감을 보이는 꼬리

"경고한다!" "내가 최고다."

꼬리의 뿌리 같은 엉덩이부터 힘이 들어간 느낌이다. 위로 힘주어 세우고 등쪽으로 약간 기울게도 보인다. 이러한 경우는 자신의 지배력을 확신하고 있다. 자신감 있는 우위성을 보이는 개가 나타내는 표현으로 반려견들의 서로 어떠한 동기부여로 인해 경합하게 될 상황에서 볼 수 있다. 이때의 얼굴 표정은 이빨을 드러내고 전체적인 자세가 앞으로 나아갈 기세를 보인다. 좋아서 꼬리를 세우고 흔드는 경우와는 다르다. 우리 반려견들이 사람에게 보일 수 있는 경우로는 극히 드물다. 반려견들 사이에서도 유독 서열을 가리기 좋아하거나 이러한 행동으로 우위를 다지며 살아온 성향의 경우 가끔 보일 수 있다. 꼬리를 올려 항문선으로 자신의 정보를 후각적 신호로 공개하고 자신이 누구인지를 알리려는 것이다.

반면 부정적인 경우만 있는 것은 아니다. 발정기의 개들은 동일하게 자신의 정보를 제공하며 자신감을 나타내기 위해서 꼬리를 치켜세우고 빠르게 흔들며 흥분의 강도를 나타내기도 한다.

늑대의 경우 무리 사냥 시 리더의 꼬리가 깃발 역할을 한다. 사냥감을 찾고 공격 전 긴장감을 알리는 상황에서 보이는 꼬리의 신호이다.

불안과 공포의 신호

"무서워" "괴롭히지 말아줘"

꼬리의 위치가 자연스럽게 툭 떨어뜨린 느낌이 아닌 다리까지 내려와 붙어 있고 힘이 없어 보인다. 별로 기분이 좋지 않아 육체적으로나 정신적으로 불쾌함을 갖고 있다는 의미이다. 때론 아무 생각 없이 기분이 꿀꿀하고 멍할 때 꼬리를 힘없이 내려놓기도 한다.

그 이상으로 꼬리가 뒷다리 사이로 말려 들어간다면 주로 공포를 나타내며 상대의 공격을 피하기 위한 화해의 신청 신호로도 사용된다. 앞서 꼬리를 꼿꼿이 세운 지배적인 동물이나 강한 힘을 가진 무서워하는 사람을 눈앞에 두고 있을 때 보이는 꼬리의 신호이다. 이때 몸의 자세는 낮추고 귀를 뒤로 접어 눈길을 피하는 복합적인 행동을 볼 수 있다. 이렇게 낮은 위치의 꼬리는 항문선의 후각적 발산을 감춤으로써 자기 존재를 숨기고 싶어 하는 표현이라고 볼 수 있다.

꼬리를 흔드는 속도

반려견은 꼬리를 흔드는 것이 매우 당연하고 정상적이며 우리가 매일 보는 행동으로 반려견들의 커뮤니케이션 신호에서도 상황에 따라 매우 다양하고 복잡한 움직임이 나타난다. 기본적으로 꼬리를 흔드는 속도는 감정의 정도를 뜻한다. 흔드는 이유가 긍정이건 부정이건 흥분도의 정도를 나타내는 것이다. 공격적 행동에서도 자신감이 있는 반려견들은 꼬리를 세워 힘주어 빠르게 흔들고 공격이 아니더라도 자신감 있게 인사를 나누는 반려견들은 감정의 정도에 따라 빠르게 꼬리를 흔드는 것이다. 또한 번식기를 감지하고 생리적 흥분도가 올라가도 꼬리를 흔드는 속도가 빨라지며 좋아하는 사람을 만나거나 특별한 상대에 대한 반가움의 정도가 높을 때 엉덩이까지 움직여가며 꼬리를 크고 빠르게 흔드는 행동을 볼 수 있다.

여기서 꼬리가 크게 흔들리는 것은 대부분 긍정적 의미를 포함하고 있다. 반가운 상대를 만나거나 반려견끼리 놀면서 놀이라는 것을 확인시키는 의미로 크게 흔들며 짖고 노는 경우를 볼 수 있다.

한눈에 보는 반려견의 표정과 자세

온화한 반려견

긴장이 없고 만족한 상태를 나타낸다. 불안이나 위협을 느끼는 게 없이 기분이 좋다.

입: 가볍게 벌리고 혀가 보인다.

귀: 힘 주어 세운 느낌이 나지 않고 자연스럽게 서 있다.

꼬리: 자연스럽게 내린다.

자세: 사지의 형태가 균형 있고 안정적으로 서 있다.

흥미나 관심

시각이나 청각, 후각적으로 무언가 흥미를 끄는 관심사가 있다.

입: 입을 자연스럽게 다문다.

귀: 앞으로 기운 듯하게 방향을 집중하거나 소리를 듣고자 쫑긋 거린다.

눈: 눈을 크게 뜨고 대상을 찾는다.

꼬리: 수평으로 내밀고 약간 흔드는 경우가 있다.

자세: 앞발 쪽으로 체중을 실어 약간 앞으로 내민 듯하다.

지배성과 자신감의 위협

지배성이 강한 반려견이 자신의 존재가 높음을 알린다. 상대가 도전하면 공격할 수 있다.

입: 이빨과 잇몸을 보이고 코에 주름이 잡힌다.

귀: 앞으로 기운 듯하며 약간 좌우로 벌어져 힘을 준다.

꼬리: 엉덩이 쪽 꼬리에 힘을 주어 위로 곧게 세운다.

자세: 다리가 경직되고 몸을 약간 앞으로 내밀어 공격 전 자세를 보인다.

털: 꼬리와 등줄기에 털을 세울 수 있다.

방어적 위협

자신이 위험한 순간에 불안을 느끼며 위협이 계속 된다면 공격할 수도 있다.

입: 입술이 말려 올라가 이빨이 보인다.

귀: 뒤로 눕힌다.

꼬리: 다리 사이로 감아 넣는다.

자세: 몸을 낮춘다.

털: 등줄기 털이 선다.

불안과 화해

겁을 먹고 있어 불안하다. 화해를 바라며 상대의 위협이나 마찰을 피하고 싶다.

입: 입아귀가 뒤로 당겨진다. 상대의 얼굴을 핥거나 시늉을 한다.

귀: 뒤로 눕힌다.

눈: 시선을 피하고 힐끔힐끔 쳐다본다.

꼬리: 다리 사이로 쳐지거나 감아 넣는다.

자세: 몸을 낮추고 한쪽 앞발을 올리거나 바닥에 엎드리기도 한다.

▬ 공포와 복종

완전한 항복을 나타낸다. 상대를 우위를 인정하고 화해를 호소한다.

입: 입아귀를 뒤로 당긴다.

귀: 뒤로 최대한 접는다.

눈: 작게 뜨고 시선을 피한다.

꼬리: 다리 사이로 완전히 말아 넣는다.

자세: 드러누워 배와 목을 보인다.

2) 후 각

인사하는 반려견

동물들의 의사소통 방법에는 시각, 후각, 청각의 중요한 형태가 있다. 반려견들이 인사를 나눌 때 시각과 청각적으로 커뮤니케이션을 시작하지만 정확하게 서로를 알기 위해서는 후각을 사용해 항문선을 파악한다. 특히나 후각적으로 성별, 가족관계, 무리파악, 이동경로, 번식기 등까지 많은 정보를 전달할 수 있다. 시각이나 청각신호처럼 바로 파악할 수 있는 시각과 청각적 신호와는 다르게 상대가 없을 때도 각 개체들만의 체취를 파악할 수 있는 중요한 방법이다. 늑대의 경우 무리의 모든 개체가 지배지역의 마킹으로 영역 지점을 알고 있어 새로운 무리의 체취를 맡게 되면 경계를 시작하며 다시 배뇨를 반복한다.

개 코

반려견들의 후각 능력은 매우 뛰어나다. 신생아기에도 어미의 젖꼭지를 찾기 위해 후각을 사용하고 며칠 후면 어미개를 냄새로 식별할 수 있다. 사람들과의 사회에서도 반려견들은 뛰어난 후각을 이용해 많은 역할을 해낸다. 군견으로서의 지뢰탐지, 구조견으로서의 수색, 탐지견으로서의 마약 감지 등 인간이 할 수 없는 일을 해낸다.

프랜치불독과 잉글리시 불독

모든 개체가 동일하게 예민한 후각을 갖고 있지는 않다. 번식기의 영향을 크게 받는 수컷이 암컷보다 보통 냄새에 민감하고 견종에 따라서 차이를 보인다. 코가 납작하게 개량된 품종들은 아무래도 후각 능력이 덜 발달하고 호흡기에 문제가 생길 확률이 높다.

블러드 하운드

역사적으로 가장 후각능력이 좋은 견종은 벨기에 블러드 하운드이다. 하운드 견종 중에서 후각을 사용해 사냥감의 흔적을 쫓는 역할을 하던 블러드 하운드는 역사적으로 긴 세월 동안 후각을 집중적으로 사용하면서 다른 견종보다 뛰어난 감각을 가지게 되었다. 견종 분류상 이러한 후각하운드에 속하는 반려견은 비글, 바셋하운드, 닥스훈트 등이 있다. 공통적으로 땅 냄새를 맡으면서 냄새의 흐름을 감지할 수 있는 기다란 귀를 가지게 된 것이 특징으로 볼 수 있다.

배 변

우리는 반려견과 산책하다 보면 반려견들이 유독 후각을 사용하다가 배변하는 특정 장소를 볼 수 있다. 잔디를 보호하는 울타리의 나무라던지 코너에 있는 모서리처럼 대부분 수컷들은 지면에서 높이 배변하기 위해 한쪽 다리를 높이 들고 자신의 냄새를 퍼뜨리려 하는 행동을 보인다. 이러한 배변 활동은 배설 장소를 찾아 자신의 영역을 알리고 구분하기 위한 마킹 행동으로 볼 수 있다. 자신감이 강한 수컷은 최대한 높이 배뇨를 하려고 하며 암컷들도 배변을 통해 영역을 지배하려는 배변 활동을 한다. 늑대와 개 모두 오줌뿐만 아닌 변을 이용하고 이러한 배변 활동은 자신의 영역과 세력권을 지키기 위해 매우 중요한 행동으로 발전했다.

요즘 우리 반려견들은 선조인 늑대의 원초적 배변 활동 원인과는 조금 다른 현대적 해석을 할 수 있다. 산책을 나가면 다양한 후각적 신호를 감지할 수 있고 어떤 성향의 반려견이 배변을 하고 갔는지 이곳은 나의 산책로이자 익숙한 장소인데 또 다른 반려견에게 자신의 존재를 알리고 대상이 없지만 인사를 나누는 행동으로도 해석이 된다.

마 킹

반려견들이 배변 활동으로 냄새를 남기는 이유는 마킹이다. 마킹은 자신의 영역과 존재를 알리는 행동인 것이다. 이러한 자신의 메시지를 남기는 행동을 관찰해 보면 마킹 후 뒷다리로 땅을 파듯 발차기를 하는 경우를 볼 수 있다. 땅을 긁어 흙을 흩날리는데 자신감이 있는 개의 경우 변을 흩뿌리려는 것으로 본다. 이때 시각적인 행동을 관찰해 본다면 몸에 힘을 주고 꼬리를 곧게 올려 대상이나 한쪽 방향을 응시하며 자신감 있게 자신의 냄새를 멀리 뿌리려는 표정과 자세를 볼 수 있다.

냄새를 남기는 행동

상대에게 도전하겠다는 마킹 행동을 예로 들자면 두 마리의 반려견이 산책하다가 어느 정도 거리를 두고 만나게 되었을 때이다. 한쪽에서는 서열에 관심이 없고 시선을 피하는 행동을 보인다. 다른 한쪽에서는 자신감이 높고 우열을 가리고 싶어 하는 성향이 강한 반려견이 상대를 반복적으로 응시하면서 배뇨를 하고 땅을 긁어 흩뿌리는 행동을 보이며 심한 경우 짖고 위협하는 행동까지 보일 수 있다. 물론, 두 마리의 반려견이 같은 행동을 보일 수도 있고 위협과 자신감이 아니면 발정기의 번식 행동에 의한 과한 자기표현이 일어나는 경우로도 볼 수 있는데 우리는 여러 가지 복합적인 요소를 시각, 후각, 청각 활동으로 유추해 볼 수 있다.

집안으로 다른 반려견이 들어왔을 때 상황을 보자. 혼자 살던 우리 반려견은 반가움을 느낄 수도 있고 불안함을 느낄 수도 있다. 이때도 배변활동으로 마킹 행동을 보이는 경우가 많다. 평소 실내에서 필요 없었던 행동이지만 본능적으로 기존의 반려견은 자신의 영역을 지키려는 이유와 자신의 존재를 알리려는 이유로 마킹을 하면서 상대를 경계하던지 인사를 나눌 준비를 하는 것이다.

3) 청 각

반려견의 짖기나 울부짖음 같은 음성을 직접적으로 사용한 커뮤니케이션 신호는 장거리에서의 정보전달까지 효과적인 방법이다. 일반적인 짖음이나 으르렁거림, 울부짖음 등 다양한 소리의 종류가 있고 음의 길이나 톤 차이에 따른 소리도 사람들이 반복적으로 듣다 보면 그에 따른 행동이 무엇을 의미하는지 유추해 볼 수 있다.

대표적으로 우리가 알고 있는 늑대의 하울링(울부짖음)은 사냥 전에 무리에게 보내는 사회적 신호로 추정하고 있는데 현대의 반려견의 경우 혼자 남게 되어 누군가를 찾을 때 장거리 신호를 보내기 위한 목적으로 울부짖는 청각신호를 보내는 것으로 판단된다. 분리불안의 행동을 보이며 짖는 것이 외로움의 표현으로 해석되기 때문이다. 이러한 경우 사람이나 다른 개체에게 자신의 존재와 위치에 관한 정보를 전달하는 것으로 생각된다.

반려견들의 짖음과 으르렁거림, 울부짖음에 대해서 우리는 소리의 높이, 길이, 빈도로 의미를 파악하고 있다.

소리의 높낮이

음정이 낮은 으르렁거림이나 짖음은 보통 위협이나 분노 또는 공격 태세를 보여주는 경고를 나타낸다. 기본적으로 "경고한다." "저리가"라는 의미를 갖고 있다.

처음 보는 반려견에게 우리는 호감의 뜻으로 다가가면 만지고 소통하고 싶어하는 경우가 많다. 반려견 입장에서 낯선 사람에 대한 경계를 하는 개의 경우 더 이상 다가오지 말라는 의미로 이러한 낮은 톤으로 메시지를 전달할 수 있다. 동물간의 신호에서도 마찬가지인 것이다. 워싱턴 국립동물공원의 소리 분석의 연구에서는 개뿐만 아니라 코끼리, 쥐, 펠리칸 등 다양한 동물들이 낮게 '으르렁'거리는 소리를 냈다. 동일하게 마음에 들지 않는 경우나 불쾌함을 나타내는 뜻으로 해석하고 있다.

반면, 음정이 높은 소리는 보통 순응과 긍정의 의미가 있다고 추정한다. 주위의 반려견에게 흔히 볼 수 있는 상황이 있을 것이다. 간식이나 산책 등 무언가를 요구하며 보호자에게 메시지를 보낼 때 낑낑거리는 콧소리를 낸다. 또한 "악의가 없어요" "아파요"라는 칭얼거리는 의미에서도 높은 음정으로 소리를 내는 경우를 볼 수 있고 반려견끼리의 물리적 충돌 전에 공포를 느끼며 순응하는 경우, 싸움이 일어나 비명을 지르게 되는 경우 음정이 높아짐을 알 수 있다.

이렇게 동물들 사이에서는 음정의 높낮이에 주목하고 의사전달의 수단으로 의도적으로 사용된다. 낮은 소리를 내는 것이 대부분 공격을 해 올 가능성이 크다는 것을 알게 되었고, 반면에 톤이 높은 소리를 들으면 도망가지 않아도 된다는 것을 아는 동물들이 살아남을 확률이 높아지면서 생존과 연결되는 청각적 커뮤니케이션 수단이 발달하게 된 것이다.

소리의 빈도

소리의 빈도로 흥분의 정도를 알 수 있다. 빠른 속도로 여러 번 되풀이 되는 소리는 흥분 상태나 긴급사태를 의미할 수 있다. 반려견이 무언가를 응시하며 한

두 번 짖을 때는 무언가에 조금 흥미가 끌렸다는 것이다. 그러나 계속 반복하여 격하게 짖을수록 흥분의 정도가 높다는 뜻으로 "중대한 문제 발생"의 의미로 위협 가능성이 있다고 느끼고 있을 수 있다.

반면 소리의 빈도 중에서도 높낮이의 구분으로 볼 때 높은 소리가 반복될 수 있다. 이러한 경우는 반가운 사람이나 동물을 만나서 내는 즐거움의 흥분상태가 높아질 때의 경우일 수도 있지만 아픔이나 고통의 흥분 상태를 나타낼 수 있다.

예로서 밖에서 개의 비명소리가 반복적으로 들리는 경우 공격을 당해 고통을 호소한다거나 공간에 갇혀 불안한 높은 톤을 반복적으로 낼 수 있다.

결과적으로 낮은 톤의 짖음이 반복된다면 낮은 소리가 의미하는 위협이나 경계의 흥분도가 올라가고 높은 톤의 짖음이 반복된다면 즐거움과 긍정적 상황 또는 아픔과 고통의 흥분도가 높아진다고 해석할 수 있다.

소리의 조합

"낑 낑"

신생아에서 유년 시절 옹알거리던 소리가 성견이 되면 반가움과 순종의 표현이 된다. 야생의 늑대와 다르게 현대의 반려견의 경우 매우 '반가움', '요구', '순응', '갈등', '아픔' 등의 여러 가지 의미를 보일 수 있다. 오랜만에 또는 늦게 귀가한 가족을 보면 흥분해서 낑낑거리며 주위를 맴돌거나 식탁 옆에 앉아서 맛있는 음식과 보호자를 번갈아 보며 높은 콧소리를 반복하는 귀여운 반려견들이 대부분일 것이다.

"깨 갱!"

높은 톤의 소리 중 비명으로 알아차려야 하는 경우가 있다. 아기가 고통이나 공포를 체험했을 때 내는 비명처럼 길게 내지르는 '깨 갱'소리이다. 이 소리는 고통이나 불안에 휩싸여 목숨에 위험을 느끼고 있을 때 날 수 있다. 사람이 들었을 때에도 높은 톤에 긴 울부짖음을 들어본다면 일반적인 비명소리로 느낄 수 있다. 이는 동료에게 도움을 청하는 신호가 될 수 있지만 많은 무리나 낯선 반려견들에게 공격을 받을 수 있다. 그 이유는 야생에서 생명의 위험을 느낀 동물의 절규 소리는 상처 입어 약해져 있는 사냥감을 의미하기 때문에 약한 사냥감을 공격하는 본래 습성에서 나오는 행동인 것이다.

예로서 요즘 많이 운영되는 반려견 카페나 놀이터, 훈련소 등의 환경을 생각해 보자. 상주하고 있는 반려견들과 새로 들어와서 적응하는 개체가 매번 바뀌는 상황은 정해진 서열관계 없이 불안함과 서로 눈치를 보는 성격의 무리일 것이다. 이 중 두 마리가 싸움이 일어나 한 마리가 물리적 상해를 입고 공포의 비명을 질러대면 명확한 체계가 없는 무리의 구성원들이 본능적으로 흥분하여 그 개체를 공격할 수 있다. 안전적으로 매우 위험한 상황이 발생하지 않도록 사람들은 개의 의사소통 신호와 행동을 파악할 수 있는 능력이 있어야 한다.

"으르렁"

보통은 포식동물, 즉 호랑이, 사자, 곰 등이 지배력과 자신감을 보이며 다른 동물을 쫓기 위한 위협의 정도를 나타내는 공격신호로 쓰이는데 저음의 굵은 으르렁거림은 위협을 뜻하고 공격적인 자세를 수반하지만 음정이 높아졌다 낮아졌다 하는 으르렁거림은 자신감이 없는 개가 강한 척 하는 경우 낼 수 있는 청각적 신호이다. 상대와 마주하고 있는데 도망갈까도 생각 중인 것으로 볼 수 있다.

터그놀이

반면 요즘 반려견들은 놀이성 신호로서 사용하기도 한다. 시각적으로 즐거운 얼굴 표정이 수반된다면 동료와 물기, 뛰기, 쫓기 등의 놀이 중 낼 수 있는 소리이기도 하다. 장난감을 갖고 놀아주다가 으르렁거리는 소리를 듣고 당황하는 보호자도 있고, 두 마리의 강아지들이 물고 뛰며 노는 줄 알았는데 으르렁거림에 걱정하는 경우도 있다. 이는 정상적으로 즐겁게 놀고 있는 상황일 것이다. 이빨을 보이지 않거나 꼬리를 살랑살랑 흔들고 있거나 하는 시각적 행동 표현을 함께 파악해보면 알 수 있다.

"멍 멍(짖음)"

반려견들은 짖는 것은 본능적이며 점점 짖음의 메시지가 다양해지고 있다. 반가움부터 공격의 신호까지 우리는 사람이 말하듯 항상 짖는 반려견들이 처한 상황과 시각적 행동을 함께 분석해야 그 뜻을 파악할 수 있는 것이다. 유독 '컹! 컹' 거리는 마르고 쉰 소리의 느낌에 짖음이 반복될 때에는 아픔이나 스트레스를 의미하는 경우이다.

"하울링"

"우~~~우~~" 하고 포효하는 늑대의 경우는 사냥 전 무리를 모으는 신호로 많이 쓰이며 평소에도 영역을 알리고 무리를 찾는 의사소통의 신호로 사용된다. 현재 우리 반려견들은 사람과 항상 함께 하기 때문에 동료를 찾는 외로움의 표현으로 보호자가 없을 때 분리불안의 이유로 길게 포효하는 듯한 울부짖음을 내기도 한다.

하울링 하는 반려견

3 카밍시그널

반려견행동기초탐구에서의 핵심 단락은 바로 '행동탐구'와 '커뮤니케이션'이다. 기본적으로 반려견 행동 신호의 의미를 알아야 반려견을 읽을 수 있다는 것이다. 시각, 후각, 청각이 뜻하는 의미에 이어서 반려견이 보내는 신호인 카밍시그널에 대해 이해하는 것을 권장한다. 노르웨이의 투리드루가스(Turid Rugass)가 반려견과 소통하는 방법에 대해 풍부한 경험을 바탕으로 창시한 '카밍시그널(caming signals)'은 자신을 진정시키거나 상대방을 진정시키기 위해 선의적으로 사용하는 반려견들의 행동 언어를 뜻한다.

1) 얼굴 시그널

머리 돌리기

머리 돌리고 몸의 방향을 바꾼다.

반려견이 옆 또는 뒤로 고개를 돌리거나, 돌린 상태에서 잠시 가만히 있는 행동이다. 이 시그널은 자신에게 다가오는 상대에게 진정하라는 의미를 뜻할 수 있으며 부담스러운 동료가 다가오거나 무서운 사람 또는 사람들이 자신을 향해 몸을 숙이며 스킨십이나 반갑지 않은 신호를 보내려는 상황이 불편할 때 보일 수 있다.

"인사하고 싶지 않아", "놀고 싶지 않아", "싸우고 싶지 않아", "부담스러워", "나는 관심 없어"

시선을 피하는 시각적 신호를 함께 보여준다. 자신이 처한 상황에서 상대의 행동을 부담스러워하며 진정시키고 싶어 하는 행동이다.

"내가 잘못했습니다", "그만 해 주세요."

앞서 시각적 커뮤니케이션의 눈의 신호에서 언급했듯이 눈을 똑바로 마주치는 것이 자신감이나 위협의 의미가 있다면 반대로 시선을 피하고 고개를 돌리는 것은 회피나 공포를 나타내며 상대를 우위로 인정할 때 달래는 행동으로 나타난다.

부드럽게 쳐다보기

▬ 게슴츠레한 눈길을 보낸다.

반려견이 눈꺼풀을 살짝 내리며 눈을 게슴츠레하게 뜬 부드러운 눈길을 보일 때가 있다. 이는 다른 반려견이나 상대에게 자신의 눈빛에서 위협을 느끼지 않게 하기 위해서 최대한 착한 눈빛을 보내려는 노력의 시그널이다. 시각적 눈의 신호에서 상대가 가까운 눈높이에서 똑바로 응시하는 것에 대해 도전이나 위협이라고 생각하는 반려견들은 동료나 사람들에게 악의가 없다는 친근한 신호를 보내는 것이다.

코 핥기

반려견은 불편한 상황에서 코를 핥는 행동을 보일 수 있다.

"그만 해 주세요.", "부담스러워"

반려견들의 다양한 성격에 따라 여러 가지 상황이 불편할 수 있다. 다른 반려견과의 인사나 놀이, 사람들의 지나친 스킨십, 참여하고 싶지 않은 훈련 프로그램, 낯선 공간의 모든 상황 등에 대해서 코를 핥으며 스스로를 진정시키려는 행동으로 보인다.

하 품

생리학적으로 반려견과 사람의 하품은 동일하게 뇌에 산소를 많이 보내 잠을 깨도록 하는 작용이 있다고 한다. 반려견도 마찬가지로 피곤하면 하품을 할 수 있는데 그 외 여러 가지 의미가 있다. 혼이 나서나 스트레스를 표출할 때 상대방의 기분을 진정시키기 위해 이런 행동을 보인다. 또한 무관심의 신호일 수도 있고 하품 후 친밀한 행동을 보이는 화해의 수단이 될 수도 있다. 공통적으로 자신에게나 상대방에게 진정의 의미를 나타내는 카밍시그널인 것이다.

"긴장된다.", "침착하기가 힘들다.", "피곤하다."

반려견이 교육 중 스트레스 신호로 하품을 할 수도 있다. 또한 동물병원에서 대기하면서, 사람들의 과한 집중이나 스킨십, 공포를 느끼거나 흥분을 가라앉히고 싶을 때 코를 핥거나 날름거리면서 하품하는 행동을 보일 수 있다.

핥기

핥는 행위는 늑대의 새끼가 어미의 얼굴을 핥아 음식을 토해내게 하는 행동에서 비롯되었다고 볼 수 있다. 또한 약하고 겁먹은 개가 공격을 피하기 위해 어린 강아지와 같은 자세나 핥는 행동을 보이는 것이다. 실제로 핥을 상대가 없어도 코를 핥거나 혀를 날름거리며 입술을 핥는 스트레스 신호로도 사용한다.

"당신에게 의존하고 있어요.", "예뻐해 주세요."

요즘의 반려견은 다양한 의미를 나타낸다. 하품과 마찬가지로 주로 상대의 기분을 진정시키는 작용을 하며 사람에게 보이는 행동은 기본적으로는 적의가 담겨있지 않고 기쁨과 안정의 애정 표현의 의미로 볼 수 있다.

2) 자세와 동작 시그널

앞발 들기

한 발을 들고 헐떡이는 반려견

반려견이 불안하다는 행동이다. 스트레스 시그널로 볼 수 있으며 공포심이 섞여 있을 수도 있다.

"불안해", "침착하기가 힘들다", "좀 도와주세요"

훈련대회나 스포츠견의 강도 높은 교육을 받는 반려견들에게서 종종 볼 수 있는 신호이며 혼이 날 때 앞발을 들고 헐떡거리는 행동을 보이기도 한다. 보호자로부터 떨어져 대회의 시작 신호를 기다리거나 '기다려'의 명령을 유지하는 상황에서 나타난다.

동작 멈추기

반려견은 부담스러운 상대가 가까이 오거나 동료가 자신의 냄새를 맡으려고 하면 동작을 멈추고 꼼짝하지 않는 경우가 있다. 예절교육을 받던 반려견이 반복되는 훈련에 스트레스를 보이며 나타내는 행동이다. 우리는 반려견이 고집을 부린다며 더욱 혼을 낼 수도 있는데 이러한 훈육이 반복된다면 오히려 원하는 교육을 끝까지 해낼 수 없을 수도 있으니 반려견이 보내는 시그널을 잘 파악하는 것이 중요하다.

또한 원하지 않는 상대가 가까이 다가왔을 때 그 자리에 눌러앉아 움직이지 않는 경우에도 약한 개가 상대에게 자신의 냄새를 맡게 하는 대신에 최소한의 자존심은 지키려고 드러눕거나 도망가지는 않으며 상대에게 인사를 허락하는 행동으로 볼 수 있다. 이때 고개를 돌리거나 시선까지 피해 주면서 이 상황이 얼른 지나가기를 기다리는 반려견의 심리가 적용될 것으로 유추해 볼 수 있다.

앞가슴 내리기

위 사진처럼 앞발을 쭉 늘려 앞가슴을 낮추고 엉덩이를 올려 상대를 바라보는 자세는 '놀자!'라는 의미로 통한다. 강아지 때부터 많이 보이는 이 신호는 다른 반려견들과의 사회행동을 배울 수 있는 시그널이다. 특히나 이쪽저쪽 뛰면서 가슴을 내리고 시선을 맞추는 경우 긍정적인 놀이 자세가 된다.

"나랑 놀자!", "난 악의가 없어."

큰 반려견을 무서워하는 소형견이나 인사와 놀이에 서투른 반려견이 부담스러운 상대를 만났을 때 같은 행동을 보이지 않고 불안해 한다면 사회성 좋은 상대 반려견이 먼저 앞가슴을 내리고 밝은 표정으로 카밍시그널을 보낸다. 상대가 안심하고 받아줄 때까지 엎드려 기다리는 경우도 볼 수 있는데 실컷 같이 놀다가 상대를 조금 진정시키고 싶을 때 보내는 카밍시그널이다.

🐾 끼어들기

"그만해.", "좀 진정해."

반려견이 다른 반려견이나 사람들 사이에 끼어드는 행동을 한다. 동료들 사이에 분위기가 고조되면 분쟁을 막기 위해 중간에 끼어드는 경우가 있고 장난이 너무 심하거나 두 마리의 반려견이 너무 가까울 때 또는 보호자에게 너무 가까이 다가오는 반려견의 사이에서 멈춰 서서 고개를 돌리고 중지하려는 시그널을 보낸다. 이러한 행동은 상황을 중재하기 위해 상대를 진정시키거나 자신이 불편함을 느낄 때 사용한다.

🐾 코로 가볍게 찌르기

반려견들 사이에서 몸을 낮추거나 고개를 돌리는 시그널로 진정과 화해의 의미를 전달할 수 있지만 코를 사용해 가볍게 쿡쿡 찌르는 행동을 할 수 있다. 이는 자신보다 우위의 개에게 접근하여 표현할 수 있는데 어미개와의 관계에서 진화한 행동으로 볼 수 있다. 어린 강아지는 어미개의 젖꼭지를 쿡쿡 찔러 자극하고 젖을 먹고 안정감을 찾는다.

"나를 해치지 않을 것을 알아요.", "예뻐 해 주세요."

현대의 반려견들은 간식이나 산책 등을 요구할 때. 또는 만져달라는 단순한 애정표현으로 사람들에게 다가가 지그시 코로 누르거나 손을 툭툭 찔러 올리는 행동을 보인다.

꼬리흔들기

반려견은 '꼬리로 말한다!'라는 말로 표현하듯이 매우 다양한 의사소통 신호로 쓰이는 게 꼬리의 움직임이다. 꼬리를 흔든다고 해서 무조건 즐거운 심리를 의미하는 것은 아니다. 꼬리의 움직임과 함께 얼굴과 자세 등 다양한 신호의 조합으로 우리는 반려견이 처한 상황을 알 수 있다. 다양하게 흔들리는 꼬리의 움직임 중에서 위로 힘주어 올리거나 다리 사이로 말아 넣지 않고 살랑살랑 흔드는 경우가 상대를 진정시키려 하는 카밍시그널에 속한다. 낑낑거리며 콧소리를 내고 살랑살랑 흔드는 꼬리는 항복의 의미를 보이며 보호자나 동료를 진정시키고 안심시키려는 의도의 시그널이라고 할 수 있다.

PART

04

학습원리

모든 동물에게 나타나는 행동에는 선천적행동과 후천적으로 획득하는 학습적 행동으로 나눌 수 있다. 사람을 예로서 아기가 엄마의 모유를 먹는 것은 순수한 선천적 행동이지만 점점 자라면서 숟가락이나 포크를 사용하여 밥을 먹는 경우처럼 도구를 사용하는 행동을 학습하게 된다. 인간뿐만 아니라 모든 동물은 성장과 함께 새로운 반응을 계속적으로 학습하며 오래되고 반복하지 않는 반응을 잊어 간다.

"순화, 고전적 조건화, 조작적 조건화, 처벌"

반려견이 새로운 행동양식을 배우는 기본적인 원리를 네 가지로 정리할 수 있으며 우리는 이러한 학습원리를 응용하여 반려견에게 환경적응, 기본예절, 행동교정 등의 교육을 할 수 있다.

1 순화(습관화)

동물은 신기한 자극에 노출되면 놀라거나 불안해지는데 어떠한 상황이 고통이나 상해를 입히는 것이 아닌 경우에는 반복 노출됨으로써 점차 익숙해질 수 있다. '순화'라는 것은 곧 '적응하다'를 의미하며 습관화되는 것이다. 습관화는 가장 흔한 학습의 형태이다. 동물이 익숙해지면서 무언가에 두려움을 갖지 않게 되는 것을 말한다. 야생에서는 동물이 생존과 직결한 끊임없는 자극에 노출이 된다. 태어나서부터의 환경, 수많은 소리, 냄새, 형태, 촉감을 자극하기 때문에 점점 순화된다면 어떠한 자극은 무시해도 되는 것인지를 순화를 통해 알게 된다.

예로서 도로가 있는 산속의 고라니는 찻길로 나갔을 때 생존에 위험이 따른다는 것을 살아가면서 알게 된다. 사람도 마찬가지로 고가도로나 기찻길이 있는 주변에 거주하게 된다면 처음에는 신경쓰이지만 살면서 그 소음에도 적응하며 익숙해지기 마련이다.

반려견은 시각, 청각, 후각적인 요소에 반응하며 다양한 환경에 순화될 수 있다. 이러한 습관화에 관련한 학습 방법은 '홍수법'과 '탈감각화' 두 가지가 있다.

1) 홍수법

홍수법은 동물이 한 번에 최대 강도의 자극을 접하는 것이다. 동물은 큰 강도의 자극과 낯선 환경에 적응하면서 그 자극을 무시하게 된다. 단, 반려견이 그 자극을 극단적으로 두려워 할 경우 반려견을 더욱 예민하게 만들 수 있다. 예로서 자동차를 한 번도 타보지 않은 반려견을 바로 태워 몇 시간을 운행한다면 처음 접해보는 진동과 소리의 강도 높은 자극에 공포감을 느낄 수 있으며 멀미로 인한 헐떡거림과 구토 증상을 보일 수 있다. 나중에는 자동차를 보기만 해도 민감하게 반응할 수 있는 것이다.

홍수법을 활용한 반려견 교육

차량이동

차량이동은 요즘 반려견의 생활에 필수적으로 본다. 난생 처음 차량이동을 경험하는 반려견의 경우 홍수법으로 적응을 시작한다면 바로 차에 몇 시간이든 태워서 포기하고 무시하고 받아들일 때까지 이동하는 방법이 될 수 있다. 자연과 야생에서 높은 강도의 자극을 반복적으로 받아들이며 어쩔 수 없이 적응하게 되는 상황과 반려견의 생활에서는 다르다. 보호자와 즐겁게 이동할 수 있는 수단으로 생각해야 할 자동차를 공포와 불안의 대상으로 여긴다면 동물병원이나 반려견 펜션 등 다양한 일상생활이 어려워질 수 있으며 다시 자동차에 대한 긍정적 반응을 만들어내기 위해 행동 교정을 시도해야 하는 상황이 올 수 있다.

짖 음

오래전의 일이다. 경계성 짖음도 보이며 소리에 민감하게 반응하며 헛짖음까지 보여 사람과의 일상생활이 힘들어진 반려견의 문제행동에 대해 한 훈련사가 제시한 훈련법이다.

“자동차에 태워 놓으시고 하루 종일 짖게 하세요.”

“그러면 짖을 때 아무런 보상을 받지 못해서 소용없다는 걸 알게 됩니다.”

우리는 할 수 있을까? 보상을 없애고 무시한다는 교육방식의 틀이지만 요즘 인도적으로 교육하는 보호자들에게는 반감을 살 수 있는 방식으로 보인다. 본능적인 ‘짖음’이지만 빈도수가 많아 문제행동으로 인식된 경우이다. 사회와 단절하고 가두어 둔다면 그 반려견이 느끼는 자동차라는 공간의 느낌은 불안과 공포일 수 있다. 이는 한 번에 동일한 상황을 주어 적응시켜 짖는 것을 포기를 하게 만드는 홍수법 기반의 상황 노출 방법이라고 볼 수 있다.

2) 탈감각화

탈감각화는 반려견 행동 교육 시 가장 기본이 되는 학습 방법이다. 동물이 반응하지 않는 낮은 수준에서부터 자극을 주고 최대 강도에 적응할 때까지 ‘차츰차츰’ 강도를 올리는 것으로 가장 이상적인 과정은 반려견이 절대 두려워하지 않는 수준의 약한 자극부터 충분히 경험 후 체계적으로 증가시키는 것이다. 말 그대로 초기 적응을 시작으로 반려견 행동 교정에 있어서도 불안한 자극을 긍정적으로 습관화시킬 수 있게 적용할 수 있는 방법이다.

탈감각화의 예로서 본 자동차 탑승의 경우, 어린 강아지 때부터 보호자의 자동차 안에서 편안한 느낌을 만들어주는 것으로 시작한다. 보호자와 함께 간식도 먹고 놀이도 하며 공간에 익숙해진다면 시동을 걸고 진동과 소음에 적응하는 단계로 이어간다. 그러면서 주행을 짧게 시작하여 시간을 늘리는 체계적인 방식으로 이해하면 된다. 강아지가 점차 성장해 나아가면서 켄넬교육 또한 습관화로 병행하여 안전하게 자동차 안에서 이동할 수 있는 반려견으로 성장시킬 수 있다.

탈감각화를 활용한 반려견 교육

드라이브 즐기는 반려견

차량이동

우리는 반려견과 함께 이동하는 날들이 많아졌다. 여행을 갈 때 반려견 호텔에 맡겨두기도 하지만 요즘은 반려견과 함께하는 여행코스와 숙박시설이 전문화되어 가고 있기 때문에 사랑하는 반려견과의 여행을 즐길 수 있다. 그렇다면 자동차 이동 수단에 대한 탈감각화로 잘 적응하는 것이 중요하다.

위에서 언급했지만 탈감각화는 반려견이 느끼지 못할 정도의 적응부터 시작이 된다. 생애 첫 예방 접종을 하기 위해서는 생후 2개월 경 필수로 이동을 해야 한다. 자동차라는 실내 공간에서 보호자의 품에 안기고 사료도 조금씩 먹으며 안전한 공간으로 인식하기 시작해야 한다. 1년 이내 성장과정에서 자동차로 이동하는 경험을 차츰 늘려가는 것이 중요하다.

"자동차에서 놀기 > 시동 걸기 > 10분 주행~1시간 주행"

어려서부터 적응한다면 오히려 드라이브를 즐기는 반려견이 될 수 있지만 성견이 되고 노견이 될 때까지의 차량이동 경험이 없는 반려견에게 탈감각화적 적응 방법은 더욱 체계적이고 조심스럽게 진행해야 한다. 반복되는 긍정적 경험은 충분히 습관화시킬 수 있는 좋은 방법이다.

2 고전적 조건화

고전적 조건화는 '연관에 의한 학습'을 말한다. 어떠한 사물이나 상황을 연관지어 학습하여 결과적으로 반응을 나타내는 것이다. 1900년대 초반 러시아의 생리학자 이반 파블로프(Ivan Pavlov)는 개의 소화에 관한 연구를 하기 위해 개에게 고기 분말을 주면서 개가 흘리는 타액의 양을 측정하는 실험을 했다. 이 실험이 계속되면서 먹이를 주기도 전에 먹이를 보거나 먹이를 준비하는 사람의 발소리만 들어도 개가 침을 흘린다는 사실을 알게 되었다.

여기서 파블로프는 특정 소리와 먹이를 함께 짝지어 개에게 제시하기 시작했고 종소리를 들려주고 먹이를 준다면 종소리만 들어도 개는 침을 흘리게 된다는 연관에 의한 고전적 조건형성 이론을 정립한다.

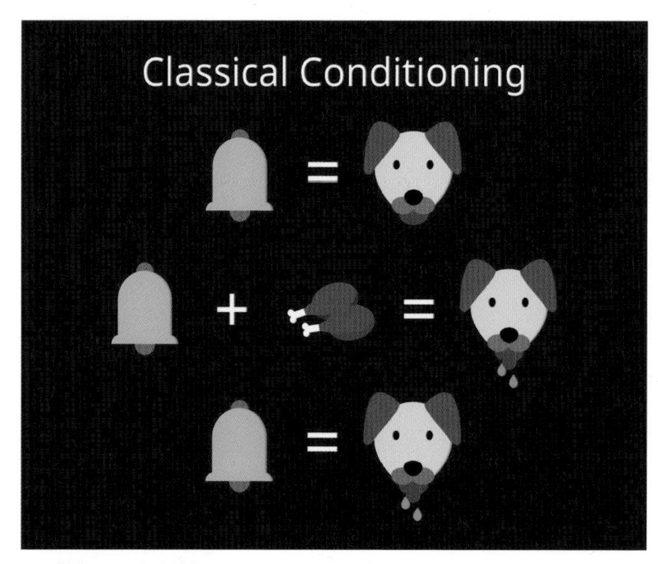

파블로프의 실험

먹이 = 타액분비

먹이+종소리 = 타액분비

종소리 = 타액분비

일반적으로 고전적 조건화는 두 개의 자극이 하나의 반응으로 나타나는 패턴을 가진다.

여기서 개가 먹이를 먹는 동안 침을 흘리는 것은 생리적 반응이고 오랜 시간 종소리와 먹이 두 가지 자극이 짝지어지면서 연관에 의한 학습이 이루어진다면 종소리만 들어도 침을 흘리는 반응이 나타나는 것이다.

1) 생활 속의 고전적 조건화

어미개와 강아지

어린 반려견은 온종일 어미의 젖을 먹는다. 젖을 먹는 동안 신생아기의 강아지는 어미와 먹이를 연관지어 학습한다. 일상적으로 조건화가 되기 때문에 어미의 존재를 생존과 연결된 먹이와 따뜻한 공간으로 연상시키는 것이다. 젖을 먹는 동물은 어미와 새끼 간의 유대가 강해진다.

이동식 켄넬의 공포

반려견의 생애 첫 예방 접종을 맞추기 위해 동물병원에 데려가야 한다. 강아지를 이동용 켄넬에 넣고 자동차로 이동하여 동물병원에 도착해서 주사를 맞고 돌아왔다. 이후로 반려견은 켄넬을 꺼내면 불안해하고 숨어버리려 한다. 이 반려견은 난생 처음 겪어 본 불쾌한 일들이 떠오를 것이다. 켄넬 안에 갇혀 버렸다는 공포감과 진동을 동반한 흔들리는 차량 이동을 하고 병원에서 따끔한 고통까지 느꼈으니 말이다. 결과적으로 이동용 켄넬은 두려움과 공포의 사물로 연관되어 조건화가 된 것이다.

반려견 카페의 부담

집에서도 잘 놀고 산책을 좋아하는 반려견을 데리고 반려견카페에 입장하려면 입구부터 보호자 뒤로 숨거나 걸음을 멈춘다. 우리는 사회성을 키우겠다는 생각으로 끌어안고 입장해서 많은 반려견들과 놀게끔 카페를 이용한다. 모든 반려견은 개체마다 성향이 다른데 이 반려견은 낯선 공간에서 수많은 동료들을 대하는 것에 부담을 느끼는 성격일 수 있다. 또는 이전의 카페에서 괴로운 경험을 연관지어 부정적인 공간으로 조건화 할 수 있다. 반려견이 싫어하고 피하는 경우가 반복된다면 사회화를 위한 긍정적인 조건형성을 조금씩 늘려가는 것이 좋다.

2) 반려견 교육에 적용

이동식 켄넬과 차량이동

연관에 의한 학습인 고전적 조건화를 적용하여 반려견의 행동 및 심리를 바꿀 수 있다. 이는 고전적으로 새로운 연관을 형성하는 것이다. 위의 예시에서 이동식 켄넬과 차량이동에 대한 부정적인 반응이 형성된 경우 반대로 켄넬을 접할 때 좋은 일이 생긴다는 조건을 먼저 형성해야 한다.

① 켄넬을 항상 보이는 곳에 둔다.
② 켄넬 안에서 간식 급여나 놀이를 조금씩 늘린다(켄넬 뚜껑을 열어두어도 좋다).
③ 켄넬 바닥의 질감을 두려워한다면 사용하던 담요나 방석을 깔아 준다.
④ 집 안에서도 켄넬에서 쉬거나 좋은 기억을 연관하도록 반복해 준다.
⑤ 켄넬에 두려움이 없다면 자동차 안으로 옮겨 시동을 걸지 않은 채 보호자와 즐거운 시간을 보내며 시동을 걸고 몇 분씩 이동하기를 반복한다.

고건적 조건화 진행 과정에서 학습원리의 탈감각화 방식은 기본이 되어야 한다. 서두르지 않고 차츰차츰 습관화하는 과정이 새로운 행동과 심리의 교육에서 매우 중요하며 연관을 지어주는 방식에서 세부적으로는 다음 내용인 조작적 조건화까지 다양한 방법을 활용하는 것이 이상적이다.

3 조작적 조건화

미국의 행동주의 심리학자인 스키너(Burrhus Frederck Skinner)는 고전적 조건화가 반응적 결과 행동에 대해서만 수동적으로 가정한다고 생각하였다. 조건화 자체는 외적인 환경 자극을 접하면서 자발적으로 강화에 의한 보상을 선택하여 행동으로 결정된다는 조작적 조건화 이론을 주장했다.

스키너의 상자

조작적 조건화는 특정한 자극 상황에서 일어나는 반응에 이어 보상이 주어지면 다시 같은 행동을 취할 확률이 증가한다는 것이다. 즉 동물은 즐거운 결과를 가져오는 행동은 반복하기 쉽고 불쾌한 결과를 가져오는 행동은 반복할 가능성이 적다. 여기에서는 시행착오에 관한 학습이 속해 있어 싫어하는 결과가 따라오는 행동은 기피하는 것을 배운다.

위 그림은 조작적 조건화의 대표적인 실험인 스키너의 상자이다.

상자에 갇힌 쥐는 주변을 탐색하는 등의 여러 가지 반응을 보이던 중 우연히 상자에 설치된 레버를 누르게 되면 어디선가 먹이가 나와 먹을 수 있게 된다. 처음에는 어떻게 먹이를 얻었는지 모르고 먹겠지만 나중에는 쥐가 스스로 레버를 건드려 먹이를 얻게 된다. 상자에 갇힌 시간이 길어질수록 쥐의 다른 행동은 점점 줄어들고 레버를 누르는 행동이 점점 늘어난다.

1) 조작적 조건 형성의 주요 개념

조작적 조건형성의 주요 개념과 용어를 쉽게 알아보고자 한다. 반려견의 예절교육이나 행동교정을 진행할 때 주요 학습원리의 방식을 적절하게 활용하는데 조작적 조건형성의 프로그램을 실제로 많이 사용한다. 조작적 조건화의 이론을 간단하게 정리하자면 좋아하는 결과에서 행동이 늘어나고 싫어하는 결과에서의 행동은 줄어든다는 것이다.

즉, 긍정적인 행동을 늘어나게 하려면 적절한 보상을 주어 행동이 반복될 가능성을 증가시키는 것이 '강화'이고 부정적인 행동을 줄이기 위해서는 '벌'을 적용하면 행동이 다시 반복될 가능성이 감소한다는 것이다.

강 화

반려견의 특정 행동이 늘어나게 하려면 행동이 반복될 가능성을 증가시켜야 하는데 강화의 방식에도 두 가지를 이해해야 한다. '더하기(+)'와 '빼기(−)'의 방식을 떠올려 보자.

- ✔ 플러스강화(+) : 동물이 좋아하는 것을 '더하기' = 행동증가
- ✔ 마이너스강화(−) : 동물이 싫어하는 것을 '빼기' = 행동증가

첫 번째로 플러스강화의 개념은 동물이 좋아하는 것을 더하는 것이다. 이름을 불렀을 때 반려견이 오게끔 하는 행동을 강화하기 위해서 반려견의 이름을 부르고, 반려견이 왔을 때 먹이를 주는 것이다. 여기서 먹이는 동물이 좋아하는 것으로 '보상'이라고 말할 수 있다.

두 번째로 마이너스 강화의 개념은 동물이 싫어하는 것은 빼서 행동을 증가시키는 것인데 앉아 있는 반려견의 앞발을 발로 톡톡 차면서 "손~"이라는 명령어를 보낼 때 반려견은 앞발을 차이는 불쾌감을 피하기 위해 손을 앞으로 올리게 될 것이다. 여기서 앞발을 건드리는 물리적 자극이 싫어서 손을 올리는 동작이 증가되는 것이다.

벌

반려견의 특정 행동이 줄어들게 하려면 행동이 반복될 가능성을 감소시켜야 하는데 벌의 방식에도 마찬가지로 두 가지를 이해해야 한다. '더하기(+)'와 '빼기(−)'의 방식을 떠올려 보자.

✔ 플러스 벌(+): 동물이 싫어하는 것을 '더하기' = 행동감소
✔ 마이너스 벌(−): 동물이 좋아하는 것을 '빼기' = 행동감소

첫 번째로 플러스 벌의 개념은 동물이 싫어하는 것을 더하는 것이다. 일반적으로 혼을 낸다는 물리적 처벌과 같다고 볼 수 있다. 예로서 보호자가 집을 비웠을 때 반려견이 매일 쓰레기통을 뒤진다면 직접적인 더하기 벌을 위해서 쓰레기통에 진동이나 불쾌한 소음이 나는 원격장치를 설치할 수 있다. 여기에서 진동이나 소음이라는 불쾌한 충격을 주어 쓰레기통에 접근하는 행동을 줄이는 것이다. 또한 초크 체인을 목에 걸고 '기다려' 교육을 하면서 반려견이 움직였을 때 줄을 당겨 목 부분에 물리적 충격을 주는 체벌의 방식이 될 수 있다. 이런 경우 반려견의 '기다려'의 명령어에 움직인다면 신체적 고통이 오기 때문에 움직이는 행동을 감소하게 되는 것이다.

두 번째로 마이너스 벌은 동물이 좋아하는 것을 뺀다는 것이다. 직접 처벌과 물리적 충격과는 다른 방식을 사용할 수 있다. 우리 반려견들은 보호자가 귀가 시 반가움의 의미로 마구 뛰어오르고 짖으며 안아달라고 요구한다. 이때 반려견의 행동에 먹이나 칭찬을 더하는 것이 아니라 그 행동이 반복될 때 소통을 하지 않고 무시하는 것이다. 그러면서 앉는 자세라든지 흥분하지 않는 우리가 원하는 특정 행동을 보일 때 보상을 해 준다. 반려견이 귀가 시, 간식이나 산책을 요구 시 보이는 행동이 일상 속 문제행동으로 삼을 정도로 과하게 반복된다면 보호자는 반려견이 뛰고 짖고 요구하는 행동을 감소시키기 위해서 아무런 반응을 하지 말고 반려견은 이러한 행동에 보상과 획득이 없다는 것을 학습하면서 행동이 줄어드는 것이다.

2) 생활 속의 조작적 조건화

길고양이의 행동

우리 주변에서 흔히 볼 수 있는 길고양이들은 야생에서 살고 있는 것이나 다름없어 경계심이 강하고 예민하다. 이 고양이가 처음 보는 사람에게 가까이 다가간 결과로 먹이를 얻었다면 반복적으로 사람들에게 접근할 것이다. 반대로 낯선 사람이 무언가 위협이 될 만한 것을 고양이를 향해 던지는 등 공포와 불안을 느끼게 했다면 사람들에게 다가가는 행동을 하지 않을 것이다.

🐾 어린아이의 조건화

어린아이가 숟가락을 사용해서 밥을 잘 먹고 나서 엄마가 좋아하는 간식을 주고 칭찬한다면 같은 행동을 반복할 것이고 손으로 장난치며 음식을 뱉고 던질 때 엄마의 표정이 어두워지고 혼이 났다면 그 행동을 하지 않으려고 노력할 것이다.

3) 반려견 교육에 적용

🐾 이동식 켄넬과 차량이동

먼저, 동일한 상황의 고전적 조건화의 연관방식을 보자.

① 켄넬을 항상 보이는 곳에 둔다.

② 켄넬 안에서 간식 급여나 놀이를 조금씩 늘린다(켄넬 뚜껑을 열어두어도 좋다).

③ 켄넬 바닥의 질감을 두려워한다면 사용하던 담요나 방석을 깔아 준다.

④ 집 안에서도 켄넬에서 쉬거나 좋은 기억을 연관하도록 반복해 준다.

⑤ 켄넬에 두려움이 없다면 자동차 안으로 옮겨 시동을 걸지 않은 채 보호자와 즐거운 시간을 보내며 시동을 걸고 몇 분씩 이동하기를 반복한다.

세부적으로 조작적 조건화 방식을 추가한다면 이해가 쉬워진다.

① 켄넬을 항상 보이는 곳에 둔다.

✔ 조작적조건형성: 사물이 아무런 해를 끼치지 않는 것을 알려주기 위해 켄넬 근처에 다가갈 수 있도록 주변에서 밥을 주거나 간식 급여와 놀이를 진행한다.

② 켄넬 안에서 간식 급여나 놀이를 조금씩 늘린다(켄넬 뚜껑을 열어두어도 좋다).

③ 켄넬 바닥의 질감을 두려워한다면 사용하던 담요나 방석을 깔아 준다.

④ 집 안에서도 켄넬에서 쉬거나 좋은 기억을 연관하도록 반복해 준다.

✔ 조작적조건형성: 켄넬이 어둡고 좁아 들어가기를 거부할 수 있으니 뚜껑을 열어 두고 평소 익숙한 방석을 깔아준다. 켄넬 속 방석에 올라간다면 먹이를 보상한다. 이때 켄넬로 들어가는 행동을 늘리는 것이 강화이다. 만약 켄넬 안에 떨어진 간식을 보고 들어가지는 못한 채 계속 짖거나 보호자에게 도움을 요구하면 무시한다.

⑤ 켄넬에 두려움이 없다면 자동차 안으로 옮겨 시동을 걸지 않은 채 보호자와 즐거운 시간을 보내며 시동을 걸고 몇 분씩 이동하기를 반복한다.

✔ 조작적조건형성: 켄넬에 들어가 자동차 안에서 먹이를 보상하고 보호자와 안정감을 갖도록 분위기를 형성한다. 그 후 시동을 걸었을 때 불안해 한다면 출발하지 않고 짧은 시간 내 시동을 끄고 다시 보상을 반복하며 시동과 이동의 시간을 점차 늘려간다.

낯선 사람을 경계하는 반려견

우선 고전적 조건화의 이론으로 낯선 사람은 자신을 해치는 대상이 아닌 긍정적인 대상이라는 것을 연관시켜주어야 하는 상황이다. 보통 집 안에서 벨 소리 후 낯선 대상이 집 안으로 들어오기 마련이다. 반려견들은 벨 소리에 반응하며 배달부나 낯선 사람의 방문을 불쾌하게 여기기 때문에 경계심에서 나오는 행동이 더욱 심해지고 반복될 수 있다. 조작적 조건형성을 적용하기 위해서는 벨 소리와 함께 먹이를 보상하여 벨 소리에 대한 인식을 먼저 긍정적으로 강화할 필요가 있다. 그리고 새로운 대상이 현관문으로 들어왔을 때는 그 대상자가 직접 간식으로 보상하며 긍정적인 상황을 만들어야 한다. 이때 시각적으로 부담스럽지 않아야 하고 보호자와 부드러운 대화를 시작한다거나 반려견에게 불쾌감을 줄 수 있는 어떠한 행동도 하지 않는 것이 중요하다. 약 100명쯤의 새로운 사람들이 다양한 옷차림과 목소리로 반복해 준다면 반려견 교육에 유용하겠으나 일상적으로는 어려운 연출이기 때문에 자신의 영역을 지키려는 경계성 반응이 문제가 되는 경우가 많다.

4 처 벌

"순화(습관화), 고전적 조건화(연관관계 형성), 조작적 조건화(강화와 벌), 처벌"

반려견이 새로운 행동양식을 배우는 기본적인 원리로서 네 가지로 정리하고 있다. 마지막 처벌은 특정 행동을 제거하거나 발생 빈도를 줄이기 위해 자극을 주거나 보상을 배제하는 것이다. 처벌은 반려견의 학습과 행동교정에 필요한 것으로 강압적으로 신체에 물리력 행사를 하거나 벌을 주는 '체벌'의 개념과는 다르게 봐야 한다.

1) 처벌의 종류

직접처벌

말로 혼내거나 신체를 잡거나 때리는 등 말 그대로 동물에게 직접적으로 가하는 처벌이다. 이러한 방식은 방어적인 공격행동을 보이거나 공포와 불안에 의한 문제행동이 더 발생할 가능성이 있다. 혐오적인 물리적 처벌 방식은 이처럼 직접적으로 신체에 자극을 주는 방법이다. 기대 효과로 빠르게 행동을 지적하여 신속한 반응을 이끌어낼 수 있지만 효과의 일시성으로 근본 원인을 해결하기 힘들고 반려견의 행동 학습방식에 혼란을 가져올 수 있다. 직접 처벌을 포함한 모든 처벌은 적절한 타이밍과 강도 및 일관성을 유지해야 유용하게 활용할 수 있다.

일반적으로 키우는 반려견에게 사람들은 자신의 음성으로 자극을 주는 경우가 가장 많을 것이다. 어린아이를 꾸짖듯이 잘못을 질책하며 혼내는 경우인데 이때의 반려견은 보호자의 목소리 톤과 얼굴 표정, 몸짓 등을 관찰하여 불안감을 느낀다. 사람의 목소리로 자극을 주려면 처벌의 단어를 먼저 조건화시켜야 반복적인 문제행동에 즉시 일괄적인 톤과 발음으로 직접 처벌이 가능하게 할 수 있는 것이다.

원격처벌

전기충격 목걸이, 사이렌, 분사기 등 처벌을 주는 사람을 인식하지 못하도록 원격으로 조작하는 방식을 말한다. 앞서 조작적 조건형성에서 반려견이 쓰레기통을 뒤지는 경우 설치할 수 있는 사이렌이나 짖음 방지를 위해서 짖음과 함께 전기진동을 가하는 목걸이 등을 사용하였을 때의 단점 또한 일시적으로 행동 방지가 될 수 있으나 동기부여가 강한 경우에는 그다지 유용하지 않다. 짖음방지 목걸이나 불쾌한 냄새 분사의 상황도 반려견은 시간이 지남에 따라 적응하고 똑같은 문제행동을 반복할 수 있다. 감소시키고자 하는 행동이 일어날 수 있게 선행 통제할 수 있는 상황을 만들어 적절한 타이밍과 강도를 적용하는 것이 중요하며 동물의 종류나 성향에 따라 반응이 모두 다르다.

사회처벌

사회적으로 처벌을 내리는 것으로 바람직하지 않은 행동을 제거하기 위해서 동작을 멈추고 격리된 시간 동안 아무것도 할 수 없게 행동의 반경을 통제하는 방법이다. 사회적 동물인 반려견에게 본능적인 활동을 제한하여 행동을 약화시키고자 임시 격리로서 방에 가두어 두거나 리드줄로 묶어두고 관심과 눈길을 주지 않는 것이다. 무관심이 효과적인 행동제거 방법으로 나타날 수 있지만 장시간 진행하거나 반복 시 사회적 격리에 대해 이해를 못 해 효과면에서 좋지 않을 수 있다.

또한 타임아웃의 방식으로 특정한 행동의 감소를 위해서 일정기간 분리시킬 수 있다. 환경적으로 문제가 되는 행동의 원인인 사물 등을 없애는 방법과 반려견을 특정장소에 완전히 분리하여 일정 시간 가두는 격리 타임아웃 방식이 있다.

동물의 학습원리를 사용한 교육방식에서 무엇보다 중요한 것은 반려견마다의 성향과 기질에 맞는 올바른 학습방식 적용이다. 요즘 TV에 많이 노출되고 있는 반려견 예절교육이나 행동교정 방법들은 많은 경험과 지식을 기반으로 전문가마다 활용하는 조건화와 처벌의 방식이 다르다는 것을 알 수 있다. 우리는 우리가 키우는 반려견을 먼저 집중 탐구하고 누구보다 나의 반려견의 성향을 잘 알아야 학습원리를 이용한 적절한 교육을 직접 할 수 있다는 것을 명심해야 한다.

PART 05

견종탐구

개의 역사적 유래를 살펴보면 현재의 반려견들이 갖는 성향과 견종마다 특색 있는 행동에 대해 조금 더 쉽게 이해할 수 있다.

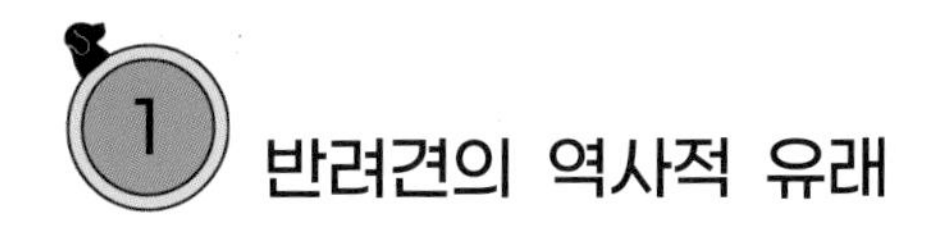

1 반려견의 역사적 유래

구석기· 신석기(기원 전 약 8000년경):	집단생활과 개의 가축화 시작
고대시대(기원전 약 4,000~476년):	고대 문명의 발달, 신적 숭배
중세시대(476년~약 1,400년대):	종교와 귀족, 학문과 문화예술의 발달
근대시대(약 1,400~1900년대):	중세와 근대의 교차로 반려와 사역의 양면성을 보임. 현실과 대중의 삶에 근대사회가 발전하며 동물복지 법률 등장
현대의 반려견:	동물과 함께하는 삶

1) 구석기 · 신석기

인간의 집단생활과 개

인간이 집단생활을 시작하고 개는 최초로 길들여진 동물이다. 뛰어난 후각과 청각능력을 가진 늑대는 사냥 시 훌륭한 조력자였고 경계병 역할을 수행하면서 인간의 곁에 머물게 되었다. 야생의 무리생활에서 우두머리를 섬기는 것이 인간과의 무리생활에 익숙해짐에 적응할 수 있었던 것이다. 그렇게 인간이 주는 음식을 오랜 시간 먹으면서 사냥에 필요한 이빨의 크기가 작아지고 야생에서 자신의 영역을 지키려던 예민함이 줄어들면서 공격성도 저하되었다. 그렇게 개가 된 늑대는 인간의 정착지에서 경계병 역할을 위한 짖음이 발달하게 되었고 풍요로운 생활 속에서 성 성숙까지 변화하여 번식 횟수가 연 2회로 생리적 번식기능의 변화까지 이루어졌다.

2) 고대문명의 발달

아누비스

고대시대 문명의 발달과 함께 개들은 신적 숭배로 많은 신화에 등장한다. 이 같은 현상은 개에 대한 긍정적인 인식을 나타낸다. 고대 이집트의 신으로 들개의 모습을 가진 자인 아누비스는 검은색 개의 머리와 인간의 몸을 하고 있다. 인간을 다시 살려내고 지켜주는 수호자로 표현했다. 그 무렵 주인과 동물의 무덤이 확인되었으며 북아메리카 인디언은 하얀 개를 신의 중재자로 신성시하였으며 일본과 중국의 개와 관련한 신화들이 나라마다 개들이 인간과 더욱 가깝게 지내왔음을 알 수 있다.

살루키

▬ 살루키

고대 이집트 역사의 대표 견종으로 이집트 왕실에서 왕과 함께 무덤에 묻혔던 사실은 그만큼 중요한 존재로 여겼다는 것이다. 당시 화려한 목줄에 “용감한 녀석”, “믿을 만한 녀석” 등 왕실의 애착을 표현하기도 하고 중동 아랍지역에서 수천년 간 사냥을 하면서 유럽인의 발견으로 대륙에 전파되었다.

페키니즈

페키니즈

고대 중국의 황실에서 키우던 개다. 중국인들은 사자가 악귀를 물리친다고 믿었는데 작은 사자의 생김새를 갖고 있는 반려견으로 인기가 높았다. 19세기 베이징을 서구에서는 Peking으로 표기하면서 이름이 유래되었다.

라사압소

라사압소

고대 티벳에서 유래된 대표견종으로 현재는 사자개 페키니즈와 중국을 대표하는 견종이다. 승려들이 환생한 존재로 여겼다. 티벳의 수도 라싸(Lhasa)와 염소, 산양을 뜻하는 압소를 결합한 이름이 유래되었다.

시츄

시츄

고대 중국의 시츄는 스님을 보호하고 경비견 역할부터 시작해 반려견이 되었다. 17세기(중세) 라사압소와 페키니즈를 교배한 것으로 추정하고 있으며 사자의 뜻인 '시(shih)'와 + 아들, 아이의 뜻에 '츄(tzu)'를 결합한 이름이 유래되었다.

3) 고대 그리스 로마

고대 이집트에 이어 개들은 동료이자 훌륭한 사냥꾼의 역할을 계속 이어나갔다. 아르고스, 케프베루스 등 신화 속에 많이 등장하며 부유한 황실의 화려한 선물이자 충성스러움의 상징으로 개의 묘비를 만들어주었다. 이 시대에는 개들이 많이 등장하고 좋아했지만 현대의 반려화와는 다른 동료이다. 한편으로는 야생의 짐승 또는 비인간적인 존재로 인식하기도 했다.

전투견으로 훈련한다거나 검투사와 맹수 역할의 오락용 상대가 되었다. 기원 후 43년 로마에서는 투견, 군견부대가 등장하여 전쟁에도 활용하면서 영국의 마스티프 종을 투견과 개량하여 독일, 스위스 등지에 전파되었다.

로트와일러

로트와일러

체중 약 50kg의 로트와일러는 고대 로마군이 독일을 공격할 시 데려간 군견 마스티프계열의 후손으로 독일 남부의 로트바일에서 개량되었다.

그레이트 스위스 마운틴독

그레이트 스위스 마운틴독

약 59kg 전후의 초대형견인 그레이트 스위스 마운틴독은 로마제국이 스위스를 정벌 시 군수물자를 수송하고 가축을 지키는 역할을 하였다.

3) 고대 페니키아

페니키아 활동지도

페니키아인들은 고대문명의 발전에 큰 업적을 지니고 있다. 활발한 해양 무역으로 지중해 나라의 문화를 융합하고 소통에 필요한 문자를 전파하여 현대 문자 활용의 기원이 되었다. 페니키아인들은 아프리카, 남유럽, 중동 등에 특산물을 중개무역하면서 반려견들까지 전파하고 개량의 확산에 큰 영향을 미쳤다. 대표적으로 보급한 견종으로 몰티즈를 손꼽을 수 있다.

몰티즈

몰티즈

지중해의 작은섬 몰타(Malta)의 작고 귀여운 견종으로 유명하다. 페니키아 선원들에게도 큰 사랑을 받으며 배 위에서 쥐나 소동물을 사냥하고 사람들과 함께 지낸 긴 역사를 가지고 있다. 고대 후반의 하얀 개들은 긍정적인 이미지로 인기가 더욱 늘어나 활발한 개량이 이루어졌다.

4) 중세시대

중세시대에 사람들은 개를 대하는 종교와 귀족의 시점에서 달랐다. 로마제국이 멸망하고 중세시대 초기인 5~8세기 암흑기는 기독교 초기 사회 관점에서 개들에 관한 비판을 했다. 성경 속 개는 이기적이며 청결하지 못하고 숲으로 떠돌던 광견병의 원인으로 지목하였다. 또한 사람이 먹는 음식의 낭비 정도로 생각하기도 하였다. 반대로 귀족들에게 가장 가까운 동물로서 많은 인기를 보였다. 8세기 유럽의 도시화로 개와 고양이가 증가하였고 사냥개의 충실하고 헌신적인 이미지는 긍정적이었다. 중세 말과 르네상스 귀족가문의 문장이나 휘장에는 개를 표현하며 용기와 의리, 충성의 의미를 담기도 하였다. 이는 귀족들만의 스포츠인 사냥활동에서 반려견과의 유대가 깊어졌음을 알 수 있다. 13세기 말 프랑스에서는 '사냥문집'이 출판되며 사냥개의 정보와 관리에 관한 번역본이 확산되며 본격적인 관심이 시작되었음을 알 수 있다.

중세시대 사냥문집

그레이하운드

그레이하운드

고대 이집트 벽화에 자주 등장하는 견종으로 사냥에 조력하는 사람과 아주 가까운 반려견이였다. 중세시대에는 귀족들의 사냥개로 사랑 받으며 경주대회를 개최하거나 영국에서는 품종개량으로 표준을 마련했다.

그레이트 데인

그레이트 데인

개의 용맹함을 전쟁에 활용하였는데 중세 덴마크의 바이킹에 거대한 개는 공포의 존재였다. 그레이트 데인의 조상으로 추정되는 거대한 마스티프계열의 견종을 약 400년 전 독일에서 개량하면서 현재의 그레이트 데인이 만들어졌다.

5) 근대사회

영국 크러프트 도그쇼

14세기에서 18세기까지의 중세 말기, 근대사회 초반에는 신의 중심에서 혁신과 현실적인 계몽주의의 발전까지 양면의 성격을 보이던 사회였다. 반려견과 함께하는 시간이 더욱 많아지고 귀족에게는 반려견의 역할을 하기 시작하지만 나머지 생활 속에서는 사역이나 경비, 실험동물, 투견에 지속적으로 사용되었다.

19세기에 접어들며 반려견에 대한 인식변화와 대중화가 이루어지면서 1822년 영국의 동물학대방지 법률 제정이 시작되고 유럽문화의 도그쇼가 탄생했다. 1859년 영국 뉴캐슬 소 박람회에서 세터와 포인터 등 사냥개 위주의 도그쇼를 열고 비즈니스를 시작하였다. 1873년 영국 켄넬클럽이 최초로 창설되어 현재까지 가장 긴 역사를 갖고 있으며 1891년 영국 크러프트 도그쇼를 개최하면서 귀족들뿐만이 아닌 중산층이나 노동계급의 관심을 받는 대중적인 반려견문화의 행사로 발전하였다.

지금 우리 곁에서 인생을 함께하고 있는 반려견들은 아주 오랜 흥미로운 역사를 지니고 있다.

현재는 아주 다양한 분야에서 활동하며 인간을 돕고 위로하며 의지하며 살아가고 있다. 우리는 역사적인 유래에 따라 현대의 반려견들이 나타내는 성향이 각각 다르다는 것을 이해할 필요가 있다.

2 미국켄넬클럽 견종분류

반려견에는 아주 많은 견종이 있다. 최초로 가축화가 된 동물이자 인간의 동반자로서 지내오면서 좋은 성품과 기질을 찾아 품종 개량해 온 결과로 현재 우리 주변에서 볼 수 있는 다양한 종류의 반려견이 탄생한 것이다.

아메리칸켄넬클럽(American kennel Club)에서는 역사적 유래와 활동 목적에 따라 그룹으로 나누어 개체를 보존하는 데 힘쓰고 있다. 아메리칸켄넬클럽은 1873년 최초의 영국켄넬클럽에 이어 1884년 미국에서 출범한 애견 단체로 세계애견연맹(FCI)을 포함해 3대 단체로 손꼽는다. 순수 혈통을 보호 및 장려하고 견종의 표준을 만들어 관련 정보를 공유하는 데 목적이 있으며 연간 100만 마리 이상의 개가 등록되어 혈통서를 발급하고 있다. 아메리칸켄넬클럽의 7개의 견종 그룹에서 각 특징을 잘 알 수 있는 견종들을 살펴보자.

1) 하운드 그룹(Hound Group)

종류: 보르조이, 아프간하운드, 비글, 바셋하운드, 닥스훈트, 바센지, 살루키, 아이리시 울프하운드, 그레이하운드, 휘핏, 프티 바셋 그리폰 방당 등

하운드는 수렵견(사냥개)을 뜻한다. 사냥에 활용되었던 개들은 '수렵견'과 '조렵견' 2가지로 나뉘는데 사냥을 돕는 조렵견과 테리어를 제외한 수렵견이 '하운드그룹'에 속한다. 인간의 수렵생활의 시작과 함께 역사가 오래된 품종들이 많고 테리어종을 제외한 수렵견이 주로 하운드 그룹을 이루고 있다. 사냥에 있어서 시각 또는 후각을 이용해 포유동물을 사냥하던 유래를 가지며 추적과 빠른 반응의

성질을 가졌다. 시각 또는 후각을 위주로 사용하던 하운드종은 각기 다른 특징을 보여준다.

시각하운드(sight): 눈으로 보며 쫓고 달리기에 적합한 늘씬한 체형을 가졌으며 빠른 속도와 집중력, 지구력을 보인다.

후각하운드(scent): 실제 후각 능력이 다른 품종보다 더 뛰어나고 귀가 길게 늘어진 견종이 많이 보인다. 호기심이 많고 근성과 에너지가 넘치는 특성을 보인다.

보르조이(Borzoi)

보르조이

대표키워드: 러시아, 우아한, 기품, 아름다운, 침착한, 조용한, 사냥반응, 민첩한

활동: 시각 하운드, 경주견

유래: 아라비아그레이 하운드와 러시아의 콜리 종을 교배하였다. '보르조이'는 러시아어로 '민첩함'을 뜻하며 러시안울프하운드라고도 한다. 빠르게 쫓는 성질이 있어 러시아 황제와 귀족들이 늑대사냥에 사용했으며 1842년 러시아의 황제가 영국의 빅토리아 여왕에게 선물한 견종이다.

특징: 외형적으로 얼굴의 폭이 좁고 주둥이가 얇고 긴 편이다. 시각하운드의 특성의 얇고 길쭉길쭉한 체형을 갖고 있다. 실크처럼 얇고 부드러운 털을 지녔는데 추운 기후에 적합하게 형성되었다. 웨이브나 장식털이 형성되어 있으며 다양한 모색의 조합을 허용한다. 체고가 수컷 75~85cm로 키가 큰 대형견에 속한다.

아프간하운드(Afghan Hound)

아프간하운드

대표키워드: 아프가니스탄, 우아한, 당당함, 신비한, 근엄한, 예민한

활동: 시각 하운드

유래: 기원전 5,000년경 중동 아프가니스탄에 정착하여 영양, 가젤, 늑대 등의 사냥을 함께 하였다. 아프가니스탄 고원의 일교차가 심한 기후에 적응하며 겉 털은 추위를 막고 속 털은 없어 더위를 견딜 수 있는 모질을 가졌다.

특징: 몸에 비해 얼굴털은 짧고 귀와 다리의 털은 충분히 형태를 덮고 있다. 모든 모색을 허용하고 수컷의 체고 68cm 이상의 큰 키를 가졌다. 아프가니스탄의 많은 견종 중 아이큐가 가장 낮다고 평가하는데 모든 개체의 성향은 다르며 실제로 보호자들은 아프간하운드가 고집을 부리며 예측 불가한 돌발 행동을 보일 때가 있다는 평가를 하기도 한다.

비글(Beagle)

비글

대표키워드: 영국, 활동적, 튼튼한, 다부진, 영리함, 친근함, 대담한, 유쾌한, 시끄러운

활동: 후각 하운드, 토끼 등 소동물 사냥

유래: 고대 그리스 시대부터 토끼 등의 소동물 사냥에 많이 활용하였다. 1895년 영국에서는 비글 클럽이 결성되었고 미국에도 많은 전파가 되었다. 후각 하운드로서 추적과 후각능력이 뛰어나며 '비글'이라는 이름은 프랑스어의 '요란하게 짖는다'에서 유래했다는 설이 있다.

특징: 외형적으로 주둥이가 뾰족하지 않고 귀가 길며 끝이 둥글다. 검은색, 황갈색, 흰색의 삼색 트라이컬러와 레몬색이 주된 얼룩무늬의 모색을 보이며 8~10kg의 무게를 유지한다. 크게 울부짖는 소리처럼 짖는 것에 대해 실내에서 키우는 보호자들은 때때로 당황하기도 한다. 대체로 밝고 에너지가 넘치는 성격으로 기본교육으로 올바른 성장을 돕는 것이 좋다.

바셋하운드(Basset Hound)

바셋하운드

대표키워드: 프랑스, 영국, 다부진, 기민함, 친근함, 대담한, 유쾌한, 고급진

활동: 후각 하운드, 소동물 사냥

유래: 16세기 후반 프랑스에서 개량하며 '바스', '낮다'라는 뜻에서 다리가 짧아 가슴이 낮게 내려온 특징을 이름으로 표현했다. 프랑스의 수도사들이 사냥과 번식을 활발히 하였고 영국에서도 견종 표준을 마련하였다. 1863년 처음 파리의 쇼에서 공개되며 대중화되었다.

특징: 짧고 촘촘한 털을 가졌다. 굵직한 다리와 몸에 맞지 않는 외투처럼 늘어진 큰 귀, 졸린 듯 풀어진 눈이 밉지 않은 모습으로 사랑받는다. 삼색의 트라이 컬러, 레몬과 흰색의 바이컬러, 모든 하운드 모색이 허용된다. 무게가 약 25kg 이상인 것에 비해 체고가 약 35cm로 낮다. 보호자는 특히나 산책 시 귀 끝이 지저분해져 당황하기도 한다. 위생과 질병을 예방하기 위해서 관리를 잘 해주어야 한다.

닥스훈트(Dachshund)

닥스훈트

대표키워드: 독일, 활동적, 열정, 민첩한, 다소 거만한, 도전적, 다정한, 유연한

활동: 후각 하운드, 땅 속 소동물 등 사냥

유래: 고대 이집트에 그려진 다리 짧은 개라는 설이 있다. 중세부터 땅굴 사냥에 적합한 견종을 위해 개량되었고 닥스, '오소리', 훈트, '하운드'를 뜻하는 이름을 가졌다.

특징: 지면으로부터 몸통까지가 체고의 3분의 1 정도밖에 안 되는 짧은 다리를 가졌다. 땅굴 사냥의 특성상 짧은 다리를 가졌지만 대체적으로 매우 민첩하고 자신만만한 성격을 보인다. 털이 짧고 조밀한 피모의 스무드, 주둥이와 눈썹을 제외하고 곱슬하고 촘촘한 와이어, 목과 몸 아랫부분의 털이 더 긴 롱헤어 타입과 적색, 황색, 검은색, 투컬러, 데플, 브린들까지 모색도 다양하게 허용된다.

2) 스포팅 그룹(Sporting Group)

종류: 저먼포인터, 와이마라너, 브리타니 스파니엘, 아메리칸코카스파니엘, 골든리트리버, 래브라도리트리버, 잉글리쉬포인터, 아이리세터, 잉글리시세터, 클럼버 스파니엘 등

스포팅 그룹의 견종은 새나 오리 등을 사냥할 때 도움을 주는 조렵견을 말한다. 산과 들, 물가 등 활동하는 장소에 따라 추적과 몰이, 회수 등의 다양한 솜씨를 발휘한다. 동료와의 호흡과 인간과의 소통을 오랜 시간 해온 스포팅 그룹의 견종들은 사회관계에 능숙하고 감각이 뛰어나 현재에도 반려견으로 많은 사랑을 받고 있다.

 저먼 포인터 숏헤어(German Pointer Shothaired)

저먼포인터 숏헤어

대표키워드: 독일, 민첩한, 든든한, 집중력, 에너지, 차분한, 전문가, 경계심, 인내심

활동: 다목적 사냥에 조력

유래: 지중해 지역에서 매 사냥에 활용하면서 프랑스, 스페인 지역을 거쳐 독일 궁까지 전해졌다. 포인팅 능력이 뛰어나 개의 시야에 들어오는 범위에서 새를 날아오르게 하거나 사냥감의 위치를 사냥꾼에게 알리는 타고난 조렵견으로 현재에도 활발한 활동을 하고 있다.

특징: 털이 짧은 숏헤어의 친척뻘인 거친 직모의 와이어헤어 타입이 있다. 숏헤어는 털이 짧고 촘촘하며 거칠어 방수와 체온조절에 유리하다. 머리는 갈색이고 전체적으로 반점과 얼룩이 형성되어 있다. 스포팅 그룹에서 조력을 해오던 견종들의 특징으로 발이 물갈퀴 모양으로 발달되 거친 지형이나 물가에서 활동하기에 적합하다.

와이마라너(Weimaraner)

와이마라너

대표키워드: 독일, 대담한, 용감한, 적응력, 에너지, 경계심, 순종적

활동: 추적 사냥, 만능 사냥

유래: 독일 바이마르 지방에서 귀족의 사랑을 받았다. 멧돼지나 사슴 사냥부터 소동물과 새 사냥까지 재능을 발휘해 회색 유령이라는 별칭을 갖고 있다.

특징: 눈이 강아지 때 푸른색을 띄며 성견이 되면서 호박색을 띤다. 중형 포인터나 브리타니보다 높은 체고와 30kg 이상의 큰 체형을 갖고 있다. 심하게 짖는 편은 아니지만 소리에 민감한 편이라 개체마다 성향이 다르며 독립적인 성격을 보이는 경우가 있어 사회화에 관심을 둘 필요가 있다.

 브리타니스패니얼(Brittany Spaniel)

▬ 브리타니스패니얼

대표키워드: 프랑스, 영리한, 에너지, 다정한, 생기발랄, 분주함, 열정, 순발력, 집요한

활동: 포인팅독, 조렵

유래: 1800년대 프랑스 브르타뉴 지역에서 유래한 인기 견종으로 1930년 미국으로 유입되었다. 민첩한 만능 사냥견종을 위해 번식되었으며 스패니얼 종 중 유일한 포인트독 활동을 하며 뛰어난 추적력을 가졌다.

특징: 약 15kg정도 되는 작은 체구에서 어마어마한 에너지가 나온다. 운동을 못하면 침착성을 잃는다는 평가가 있을 정도로 항상 분주하고 호기심이 많다. 아메리칸켄넬클럽에서는 블랙과 화이트 모색은 불인정하지만 프랑스에서는 트라이색까지 모든 컬러를 인정한다. 보호자로서 반려견에게 많은 시간을 투자하고 활동적으로 함께 운동할 수 있는 여건이 중요하다.

🐾 아메리칸 코카스파니엘(American Cocker Spaniel)

아메리칸 코카스파니엘

대표키워드: 미국, 다정한, 우아한, 가정적, 명랑한, 유쾌한, 때때로 고집, 분주한

활동: 사냥, 가정

유래: 이민자들과 함께 영국에서 건너 온 잉글리시 코카스파니엘의 미국 개량 견종으로 실제로 작은 사냥감의 회수를 위해 개량되었고 주로 가정견으로 귀여움을 받으면서 자랐다. 국내에서는 잉글리시 코카스파니엘보다 많은 사랑을 받으며 먼저 알려졌다.

특징: 사진의 버프 단색모가 유명하며 블랙, 화이트의 파티 컬러와 트라이 컬러까지 다양하다. 약 12kg의 소형견이며 큰 눈망울과 애교 많은 성격이 사람들의 기분을 좋게 하는 견종이다.

3) 테리어 그룹(Terrier Group)

종류: 잭 러셀테리어, 화이트테리어, 스코티시테리어, 와이어 폭스테리어, 노퍽 테리어, 레이크랜드 테리어, 미니어펴 슈나우저, 베들링턴 테리어, 불 테리어, 케언 테리어 등

테리어 그룹은 사냥을 목적으로 번식된 견종들로 땅속이나 바위 구멍에 사는 동물들을 사냥하는 데 큰 활약을 했던 개들이다. 주로 여우나 토끼, 오소리 등 농업과 목축업에 해를 끼치는 동물들이 사냥의 대상이 되었다. 예민한 감각, 민첩한 동작, 그리고 사냥과의 두뇌 싸움을 할 수 있는 능력을 갖추게 되었다. 하운드 그룹의 견종에 비해 몸집은 작은 편이지만 용감하고 투쟁심이 강한 특징의 성격을 갖게 되어 대체적으로 반려견으로 키우는 보호자들이 많은 활동량과 열정이 넘치는 성격에 고민을 할 때가 있다.

잭 러셀테리어(Jack Russell Terrier)

잭 러셀테리어

대표키워드: 영국, 생기발랄, 기민함, 추적본능, 개구쟁이, 용감함, 적극적, 흥분

활동: 여우사냥, 소동물 굴 속 사냥

유래: 여우 사냥을 좋아하던 잭 러셀 목사가 개량하여 쥐나 땅 속 동물 사냥까지 가능하다. 비슷한 외모에 다리가 긴 파슨러셀 테리어가 있다.

특징: 피모타입에는 짧은 스무스, 거칠고 불규칙적인 브로큰, 전체적으로 거친 장모인 러프 타입이 있다. 5~6kg대로 작지만 용감한 성격이 대표적 특징이기 때문에 보호자는 함께 놀아주며 체계적인 교육으로 컨트롤이 가능하게끔 개구쟁이를 상대하는 요령을 터득하는 것이 좋다.

화이트테리어(West Highland White Terrier)

화이트테리어

대표키워드: 영국, 야성적, 장난꾸러기, 자존심, 당당함, 경계심, 독립적

활동: 사냥 목적

유래: 영국 스코틀랜드 서부지방에서 사냥 활동을 하였다. 케언테리어, 스코티시테리어 등의 공동 조상에서 개량되었고 흰색 테리어를 스코틀랜드 귀족들이 선택하여 개량한 것이 '웨스트 하이랜드 화이트테리어'이다.

특징: 장식털이 없이 작고 뾰족한 귀를 가진 귀여운 외모가 많은 사랑을 받고 다양한 브랜드의 모델로도 볼 수 있다. 숲과 땅에서 사냥하는 테리어의 모질 특성으로 이중구조인 상모는 컬이 없이 거칠고 하모는 부드럽고 촘촘하다. 얌전해 보이는 순백의 외모를 가졌지만 장난기가 많고 호기심과 경계심도 많은 개체들이 보인다. 흔히 키우는 말티즈보다 실제로 보면 많이 커 보이는 약 8kg 정도의 소형견이다.

스코티시테리어(Scottish Terrier)

스코티시테리어

대표키워드: 영국, 모험가, 도전, 독립, 고집, 경계심, 신중함, 품위, 개성

활동: 소동물 사냥, 땅굴 추적

유래: 가축에게 피해를 입히는 여우나 오소리, 족제비 등을 쫓고 짧은 다리의 이점을 살려 영국 스코틀랜드 산악 지대에서 땅 속 사냥까지 했다.

특징: 피모는 이중 구조로 상모는 거칠고 뻣뻣하며 하모는 피부에 밀착되어 있어 산악지대의 날씨 변화를 잘 견뎌냈다. 약 10kg의 소형견이지만 몸짓이 매우 탄탄하며 골격이 다부지다. 개성이 강해서 독립적인 면이 있고 애교가 없다는 평가의 무뚝뚝한 이미지가 있지만 사람들에게 다정하며 명랑한 행동까지 곧잘 보인다. 허나 독립적인 성향의 개체들은 '고집이 세다'라는 평가를 많이 받는 편이다.

🐾 와이어 폭스테리어(Wire Fox Terrier)

와이어 폭스테리어

대표키워드: 영국, 바쁜, 촐랑촐랑, 짖음, 경계심, 호기심, 민감한, 날렵함

활동: 여우사냥, 소동물 사냥

유래: 영국이 자랑하는 역사가 깊고 전형적인 테리어이다. 채탄지방의 쥐잡이, 여우 사냥개로 유명하며 1930년대 많은 인기를 보였다.

특징 약 8kg의 소형견으로 체고와 체장이 거의 동일한 균형 있는 체형을 갖고 있다. '와이어'가 뜻 하는 것은 테리어 특징의 숱이 많고 뻣뻣한 털이다. 등 털은 더욱 거칠게 자란다. 싸우기를 좋아하고 촐랑대는 성격을 가졌는데 한번 화가 나면 무섭게 돌진하는 성향도 볼 수 있다. 많이 짖는 편이고 기본 교육이 중요한 견종으로 '문제아'로 크게 된다면 보호자는 사람들과의 일상생활이 힘들어질 수도 있는 개성이 강한 견종이다.

4) 워킹 그룹(Working Group)

> **종류:** 도베르만, 복서, 그레이트데인, 사모예드, 그레이트 피레니즈, 뉴펀들랜드, 로트와일러, 버니즈마운틴 독, 세인트버나드, 시베리안 허스키, 알래스칸 말라뮤트 등

워킹 그룹에는 작업견, 경비, 경호, 경찰, 구조, 군견 등으로 교육을 받고 활동하는 견종이 많다. 사람들의 일을 다방면에서 돕는 일을 하며 허딩과 스포팅 그룹을 제외한 대형견들이 주로 속한다. 힘이 세고 몸집이 크지만 기본적으로는 사람들과의 교류가 많아 유대관계가 좋은 편이지만 강아지 때부터 체계적인 교육을 권장하는 견종들이 많다.

도베르만(Doberman Pinscher)

도베르만

대표키워드: 독일, 우아한, 능력자, 경계심, 세련된, 대담한, 반응성

활동 사역, 방위

유래: 19세기 말 들개를 포획하던 일을 하던 독일의 루이스 도베르만이 경호견으로 개량한 견종이다. 제1차 세계대전에서 군견으로 활약하며 현재에도 경호, 군견, 방위견, 경찰견으로 활약하고 있다.

특징: 블랙, 레드, 브라운, 이자벨라, 블루까지 다양한 모색을 갖고 있다. 대체적으로 방위와 경계의 기질을 가진 체고 60cm 이상의 큰 키의 대형견이므로 일괄된 기본교육이 필요하다.

복서(Boxer)

복서

대표키워드: 독일, 난처한 표정, 체력, 자신감, 능청, 든든한, 쾌활함

활동: 사역, 경비, 가정

유래: 사슴, 멧돼지, 곰 등의 사냥개로 쓰이던 마스티프계열의 조상을 1800년대 독일에서 불독과의 교배로 개량하였다. 싸울 때 권투선수처럼 앞발을 사용하는 자세를 보고 이름이 유래되었다. 투견 활동은 잠시였고 사냥과 사역, 군용, 경호 등의 일을 맡아 해왔다.

특징: 영국을 제외한 나라는 아직까지 단이를 많이 하고 있다. 가슴의 세로가 긴 편이며 다부진 체형과 균형을 보인다. 약 30kg 안팎의 대형견이며 대표적 모색은 화운컬러로 브린들, 흰 반점까지 나타난다. '잔머리를 안 굴려 믿음직하다', '의외로 순수하다'라는 평가를 받으며 다양한 표정이 웃음을 자아내는 매력적인 견종으로 가정에서 많이 키우고 있다.

그레이트 데인(Great Dane)

그레이트 데인

대표키워드: 독일, 기품있는, 다정한, 위엄, 독립, 강력함

활동: 사역, 경비, 가정

유래: 독일의 셰퍼드와 함께 국견이다. 16세기 독일에서 멧돼지 사냥에 이용했으며 마스티프의 강인함과 그레이하운드의 민첩함을 교배하여 개량했다.

특징: 쉽게 가까이 하기 어려운 인상이지만 온순하고 사람을 잘 따른다는 평이 많다. 체고 85cm, 체중 약 50kg 이상의 초대형견으로 골격과 근육이 완전히 성장하기까지 장시간의 관리가 매우 중요하다. 이 관리에는 세심한 관찰을 하면서 체계적인 운동과 교육이 필수적으로 진행·적용되어야 한다.

사모예드(Samoyed)

사모예드

대표키워드: 러시아, 미소, 사교성, 친근한, 짖음, 에너지

활동: 사역, 썰매, 가정

유래: 시베리아 사모예드족의 명칭에서 유래했다. 짐을 운송하거나 썰매견으로 사람을 돕고 짐승으로부터 가축을 지키는 번견의 역할까지 했다. 추운 지방의 사람 곁에서 체온을 유지해 주며 유대관계가 좋은 편이다.

특징: 미간이 다소 먼 편으로 아몬드 형의 눈이 사람들의 마음까지 녹인다. 주둥이는 점차 가늘지만 뾰족하지 않아야 한다. 꼬리가 엉덩이 높은 곳에 위치해 위로 말린 특징이 있고 굵고 유연한 털이 추위를 견딜 수 있게 풍성하고 촘촘하다. 순수하고 화려한 외모에 반려견으로 많이 키워졌으나 짖음과 털 관리 문제, 매우 활발한 성격으로 보호자는 관리에 많은 시간을 투자하고 교육하지 못하면 관계가 힘들어질 수 있다.

5) 허딩 그룹(Herding Group)

종류: 저먼셰퍼드, 마리노이즈, 올드 잉글리시쉽독, 셔틀랜드쉽독, 보더콜리, 웰시코기, 콜리, 비어디드 콜리, 오스트레일리안 셰퍼드 등

허딩 그룹은 목축견을 뜻한다. 가축을 무리에서 이탈하지 못하도록 하며 이동시키는 일을 맡아왔다. 또한 가축을 짐승으로부터 지키는 일을 도왔다. 민첩하고 튼튼한 체구를 가진 것이 특징이며 영리한 두뇌를 갖추도록 개량되어 사람과의 호흡이 잘 맞아 사회성이 좋은 견종이 대부분이다. 사냥을 돕던 스포팅 그룹처럼 인간과의 소통이 필수적인 역할을 해 온 허딩 그룹의 견종들은 현재에도 학습력과 판단력이 뛰어나 다양한 방면에서 활용하고 반려견으로서도 인기가 많은 그룹이다.

저먼셰퍼드(German Shepherd Dog)

저먼셰퍼드

대표키워드: 독일, 영리한, 집중력, 분력력, 다재다능, 자신감, 민감한, 경계심

활동: 목축견, 다목적 활동

유래: 독일의 국견으로 셰퍼드란 '양치는 사람'을 뜻한다. 19세기 말 더욱 뛰어난 반사능력과 유순한 외모를 위해 독일 산악지대의 양치기 개 중 늑대를 닮은 목양견을 골라 교배하였다. 전쟁 시에는 군용견으로 활약하고 목축, 경비, 사영, 안내 등 다양한 분야에서 활약하며 현재에도 세계적으로 많은 개체수가 다양한 활동을 이어나가고 있다.

특징: 셰퍼드 컬러로 유명한 블랙과 브라운 계열의 조합이 많지만 블랙의 셰퍼드도 있다. 수컷 40kg까지의 대형견으로 만능의 견종으로 불리지만 경계심이 뛰어난 개체들은 개들과의 싸움이나 사람을 무는 경우가 발생하는 사례가 많기 때문에 체계적인 교육이 중요한 반려견이다.

벨지안셰퍼드독 마리노이즈(Belgian Malinois)

마리노이즈

대표키워드: 벨기에, 우아함, 힘, 경비, 만능, 신중함

활동: 목양견, 다목적 활동

유래: 벨기에가 자랑하는 목양견으로 19세기 말 수많은 목양견이 존재했는데 그 중 우수한 개를 모아 표본을 선택하였다. 벨지안셰퍼드 독은 마리노이즈, 그로넨달, 라케노이즈, 터뷰렌까지 4가지 타입의 모질을 보이는데 마치 각기 다른 견종으로 보일 정도로 특색을 보인다. 4가지 견종으로 각각 인정하는 단체가 있고 현재는 다른 타입과의 교배가 금지되었다.

특징: 우리나라에서도 훈련사에게 인기가 많은 견종이 마리노이즈이다. 체중이 30kg 안팎으로 저먼셰퍼드보다 작은 체구에서 나오는 민첩함과 집중력이 다양한 훈련을 습득할 수 있는 장점이다. 얼굴이 검은 블랙마스크로 카리스마 있는 경호원의 이미지를 연상시킨다. 반려견으로서 체계적인 교육이 필수적이며 경계심이 심한 경우 사회적인 활동이 조심스러울 수 있다.

올드잉글리쉬쉽독(Old English Sheepdog)

올드잉글리쉬 쉽독

대표키워드: 영국, 활발한, 다정한, 유순함

활동: 목우견

유래: 1800년대 초 선택교배로 역사가 짧은 편이지만 예로부터 가축을 돌보던 영국의 대형견이다. 주로 시골에서 소를 장터까지 몰고 가는 일을 했다. 털이 긴 테리어 종에서 유래하여 비어디드 콜리와의 교배설이 있다.

특징: 눈을 모두 덮는 풍성하고 질감이 거친 털을 가져 가정에서는 털 손질에 어려움을 겪을 수 있다. 밝고 애정 표현이 풍부하다는 평을 받으며 가족을 잘 돌보는 목축견의 특색을 보인다.

셔틀랜드쉽독(Shetland Sheepdog)

셔틀랜드 쉽독

대표키워드: 스코틀랜드, 다정한, 영리한, 짖음, 우아한, 활동적, 조심스러움

활동: 목축견, 목장의 반려견

유래: 대형견인 콜리와 같은 외모를 가졌지만 콜리의 소형이 아닌 다른 품종이다. 스코틀랜드 지역의 개들을 개량하여 콜리와 스패니얼의 혈을 추정한다.

특징: 9~10kg의 소형견으로 우아하고 기품있는 외모와 움직임을 가졌다. 주둥이를 제외하고 다소 거친 직모가 가슴과 다리를 덮는다. 귀의 형태가 머리의 높은 곳에 비교적 좁은 간격으로 위치하며 반쯤 접힌 모양이 특징이다. 몸집이 작지만 목장에 필요한 일을 잘 해내며 눈치가 빠르고 영리하기로 유명하다. 짖는 것이 습관화가 된다면 가정에서 키울 때 고민이 될 수도 있다.

6) 토이 그룹(Toy Group)

종류: 요크셔테리어, 파피용, 치와와, 포메라니안, 제패니즈 친, 몰티즈, 시츄, 이탈리안 그레이하운드, 퍼그, 페키니즈, 캐벌리어 킹 찰스 스파니엘, 차이니즈 크레스티드 독 등

토이 그룹에는 사냥에도 기질이 있어 하운드나 스포팅, 테리어 그룹 등에 포함시킬 수도 있는 견종들이 있지만 특히 몸집이 작고 귀여운 외모와 성격이 반려견으로 많이 사랑받는 견종들로 그룹이 분류되었다. 이 그룹의 반려견들은 대개 성격이 온순하고 사람과 교감이 빠르며 애정을 주고받기에 적합한 견종이 많다.

요크셔테리어(Yorkshire Terrier)

요크셔테리어

대표키워드: 영국, 영리한, 용감한, 우아한, 질투, 자신감, 테리어, 짖음, 경계심

활동: 가정견

유래: 19세기 영국의 요크셔에서 쥐잡기 목적으로 가장 작은 테리어종이 탄생하였다. 매우 작고 정원에서 쥐를 쫓거나 장난감을 가지고 노는 사랑스러운 모습에 반려견으로서 인기를 얻게 되었다.

특징: 비단 같은 긴 털을 가졌다. 보통 손질이 어려워 미용을 하지만 관리가 가능하다면 작고 우아한 요크셔테리어의 외모에 감탄할 수 있다. 강아지 때 검은색을 띄는 모색이 성견이 되면서 청회색과 황색의 음영을 보인다. 체중 3.2kg 이하의 소형견이지만 질투가 많고 예민하게 짖기 시작하면 소리에 예민하게 경계심을 보이는 경향이 있다. 현재 국내에서는 다른 토이그룹의 견종에 비해 표준 품종이 보기 힘들어졌다.

파피용(Papillon)

파피용

대표키워드: 프랑스, 생동감, 활기, 애정, 세련된

활동: 반려견

유래: 16세기 프랑스에 반입되어 스패니얼계의 견종으로 스피츠계 혈통과 교배되었을 것으로 추정한다. 왕실과 여인 귀족에게 반려견으로 사랑받았고 귀의 털과 모양새를 보고 유래된 파피용이란 이름은 프랑스어로 '나비'를 뜻한다.

특징: 블랙과 화이트, 레드, 트라이 컬러까지 인정하며 체중 4.5kg 이하이다. 큰편인 귀의 장식털이 특징이며 얼굴을 제외한 긴 털을 가졌다. 총명하기로 평가되며 훈련학습 능력도 뛰어나다.

치와와(Chihuahua)

치와와

대표키워드: 멕시코, 작은, 다부진, 자신감, 경계심

활동: 반려견

유래: 멕시코 치와와주에서 유래한 반려견으로 평균적인 크기가 세계 최소의 견종이다.

특징: 1~2kg대의 작은 체구이지만 용감하고 다부진 성격을 보인다. 보호자와 함께 있을 때면 더 큰 자신감에 큰 덩치의 개에게도 짖고 달려드는 모습을 보인다. 짧은 털의 스무스타입과 롱 코트 타입, 크림색, 갈색, 초코, 검정 등 다양한 모색으로 사랑받는다.

포메라니안(Pomeranian)

포메라니안

대표키워드: 독일, 우아한, 자신감, 인기, 앙칼진, 영악한

활동: 반려견

유래: 독일 북동부 포메라니아 지역의 독일 스피츠 계열에서 유래된 것으로 추정한다. 크기가 작은 난쟁이 스피츠로 불렸다.

특징: 이중모로 굵은 속 털과 빛나는 겉 털은 직모로 자란다. 호화로운 털을 제대로 유지하려면 매일 브러싱을 해주는 것이 중요하다. 요즘은 털 관리도 힘들고 미모를 뽐내기 위해서 동글동글한 가위컷으로 미용을 많이 해주면서 특히나 귀여운 외모로 사랑받고 있다. 크림, 세이블, 블랙, 브라운, 파티컬러, 블랙탄 다양한 모색을 지닌다.

7) 논스포팅 그룹(Non-Sporting Group)

종류: 잉글리시 불독, 차우차우, 푸들, 스키퍼키, 비숑 프리제, 라사 압소, 달마시안, 샤페이, 제패니즈 스피츠, 프렌치 불독, 보스턴테리어, 티베탄 스페니얼 등

논스포팅 그룹의 견종은 크기나 외모가 다양하다. 푸들, 보스턴테리어, 라사 압소 등 다양한 역할이 가능하며 다른 그룹에 속할 수도 있지만 한 가지 그룹에 속하기보다는 조금 더 특별한 성향을 가진 견종으로 생각할 수 있다.

잉글리시불독(English Bulldog)

잉글리시불독

대표키워드: 영국, 익살, 사교적, 애교, 다정한, 유쾌한, 대담한, 끈질김

활동: 방위, 가정

유래: 잉글리시불독은 오랜 역사를 지니고 있다. 마스티프계열의 기원으로 황소싸움이나 투견에 활용된 역사가 있다. 1860년 도그쇼에 등장하면서 현대의 애정이 많고 순종적인 견종으로 개량되었다.

특징: 체고 약 30cm에 비해 체중 20kg이상의 탄탄한 골격과 근육을 지닌다. 외모와 다르게 사람들과 늘 함께하는 것을 좋아하고 쭈그러진 얼굴로 사료와 물을 먹으면 다 흘리기 마련이고 코를 고는 것이 현재에는 가족의 일원으로 귀여운 일상이다. 주둥이가 짧고 털이 짧아 호흡과 체온조절에 신경써야 하며 눈곱과 흐르는 침도 잘 닦아주어야 위생과 건강 유지를 할 수 있다.

차우차우(Chow Chow)

차우차우

대표키워드: 중국, 충성, 깔끔한, 독립, 경계, 과묵한, 고집

활동: 방위, 가정

유래: 매우 역사가 깊어 3천년의 역사를 가진 개라고 불리며 차우차우의 조상은 사냥, 썰매, 방위 등의 다양한 활약을 했다. 북유럽 타입의 스피츠와 마스티프계열의 특징이 모두 나타나며 1900년대 크러프트 도그쇼에 출전한 후 관심이 급부상했다.

특징: 입천장과 윗입술을 포함한 전체가 검은 편이며 혀가 검푸른색으로 독특하다. 20~30kg의 중형 사자인 듯 곰인 듯 풍성한 털과 외모로 인기가 많고 개체마다 다르지만 경계심이 강한 편으로 사회관계 향상에 중요성을 보인다. 물을 먹으면 입가를 온통 적셔 잘 닦아주어야 하고 자신의 보금자리와 배변 시 청결을 중요시하는 깔끔한 성격을 보인다.

푸들(Poodle)

푸들

대표키워드: 프랑스, 학습능력, 영리한, 다재다능, 다정한, 의존적, 상냥함

활동: 사냥, 가정

유래: 독일어 푸델의 '물장구치다'에서 이름이 유래되었다. 물가에서 새를 회수하던 견종이다. 1700년대 푸들로 분리하여 프랑스에서 개량하고 영국에 알려짐으로써 유명세를 탔다.

특징: 약 3kg대의 토이푸들과 중간의 미니어쳐, 대형견에 속하는 스탠다드 푸들까지 3타입의 크기와 화이트, 크림, 브라운, 실버, 블랙까지 다양한 컬러를 보인다. 곱슬거리며 잘 빠지지 않는 털이 정기적인 미용을 해주면서 키우기에 어려움이 없다. 성격이 개체마다 워낙 개성을 보여 환경에 따른 반려견 성향을 한마디로 말하기 힘들다. 기본적으로 아이큐가 높고 사람들과의 사회성이 좋아 세계적으로 많이 키우고 있으며 '다재다능'이란 표현이 알맞은 능력의 견종으로 평가한다.

스키퍼키(Schipperke)

스키퍼키

대표키워드: 벨기에, 충성, 경계심, 순종, 생동감, 탐구심

활동: 목양

유래: 언제나 분주한 모습을 보인다는 스키퍼키는 '작은 선장'이라는 뜻의 이름을 가졌다. 배를 주로 사용하여 무역하던 시절 벨기에의 운하선에서 많이 키우며 마스코트 역할을 하며 사랑받았다.

특징: 체중 약 8kg의 소형견으로 뾰족한 귀와 전체가 검은 모색을 가졌다. 탐구심이 강해 침착하지 못하는 성격이라지만 애교가 많고 응석을 부린다. 소리에 민감한 편인 개체가 많아 짖음이 습관화된다면 고치기 힘들어 질 수 있다.

참고문헌

스텐리 코렌, 개는 어떻게 말하는가(How to speak dog), 보누스, 2014

이강원, 개들이 있는 세계사 풍경, 이담북스, 2013

뉴스킷 수도원, 뉴스킷 수도원의 강아지들(The Monks of New Skete), 바다출판사, 2014

임신재, 응용동물행동학, 라이프사이언스, 2019

그웬 베일리, 나에게 꼭 맞는 애견 선택 백과, 한스미디어, 2015

나카노 히로미, 강아지 도감(The Puppy Book), 진선출판사, 2004

투리드 루가스, 카밍 시그널(세상에서 가장 아름다운 반려견의 몸짓 언어), 혜다, 2018

소피아 잉, 개, 어떻게 가르쳐야 하는가(How to Behave so Tour Dog Behaves), 페티앙북스, 2015

김원, 반려견의 이해, 박영사, 2019

강성호, 반려동물 행동학, 박영스토리, 2021

김옥진, 반려동물행동학, 동일출판사, 2021

조준혁

동원대학교 반려동물과 학과장
한국동물매개심리치료학회 이사
한국관상생물협회 고문
한국동물보건사대학교육협회 회원
전) 한국복지사이버대학 동물보건복지학과 학과장
전) 서울종합예술실용학교 애완동물계열 주임교수
전) 우송정보대학교 반려동물학과 겸임교수
전) 서정대학교 반려동물과 외래교수

반려견행동탐구

초판발행 2022년 2월 25일

지은이 조준혁
펴낸이 노 현

편 집 전채린
기획/마케팅 김한유
표지디자인 이소연
제 작 고철민·조영환

펴낸곳 ㈜ 피와이메이트
서울특별시 금천구 가산디지털2로 53, 210호(가산동, 한라시그마밸리)
등록 2014. 2. 12. 제2018-000080호
전 화 02)733-6771
f a x 02)736-4818
e-mail pys@pybook.co.kr
homepage www.pybook.co.kr
ISBN 979-11-6519-250-1 93490

정 가 15,000원